翻篇的能力

FANPIAN DE NENGLI

清咖墨韵 ◎ 著

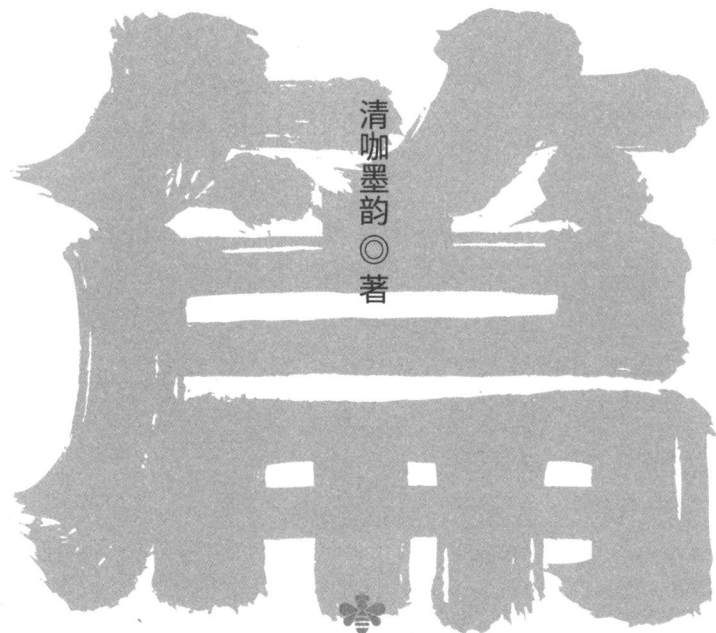

敦煌文艺出版社

图书在版编目（ＣＩＰ）数据

翻篇的能力 / 清咖墨韵著. — 兰州：敦煌文艺出
版社，2025．4．— ISBN 978-7-5468-2618-9

Ⅰ．B848.4-49

中国国家版本馆CIP数据核字第2024GR5328号

翻篇的能力

清咖墨韵 著

责任编辑：马吉庆

封面设计：北京·溪堂 王 辉

敦煌文艺出版社出版、发行

地址：（730030）兰州市城关区曹家巷1号新闻出版大厦

邮箱：dunhuangwenyi1958@163.com

0931-2131906（编辑部）

0931-2121387（发行部）

三河市嵩川印刷有限公司印刷

开本 650 毫米×910 毫米 1/16 印张 10 字数 105 千

2025 年 4 月第 1 版 2025 年 4 月第 1 次印刷

ISBN 978-7-5468-2618-9

定价: 58.00 元

巴尔扎克说过一句话："如果不能忘记许多，人生则无法再继续。"

人这辈子，总会遇到很多事情，我们不能一直抓着一件事不放，而是要学会翻篇。懂得翻篇，你才能放下过去，懂得翻篇，你才能释怀一切，懂得翻篇，你才能与自己和解。

"我看往事如烟，所以这页彻底翻篇"是一种表示放下过去、转而面向未来的说法，意思是说，过去的事情已经像烟雾一样散去了，所以现在要彻底把过去的页子翻过去，不再去回忆过去的事情，而是要向前看，迎接新的挑战和机会。这种说法常常用于告别过去、开始新的生活阶段或者面对新的挑战时，表达对自己或者他人的鼓励和支持，希望他们能够积极面对未来，不再被过去所束缚，找到新的机遇和发展空间。

真正厉害的人，活得幸福快乐的人，其实都有一个共同的特征，那就是拥有翻篇的能力。不管遇到多大的困难，不管走到多惨的境地，他们都坦然接受，并且迅速调整好自己的心态，积极地迈着脚步往前走。

人生没有过不去的坎，我们要敢于跟过去说再见，拥有翻篇的能力，那么你的人生就赢了。如果一个事情，让你不顺心，你就乐

观看开，而不是耿耿于怀。

如果一个人，让你变得不开心，你就离开他，不为不值得的人受委屈。

如果一个环境下，让你越来越不舒服了，那么你就选择远离，我们改变不了环境，那就改变自己。

所以学会翻篇，你才能变得更好，也只有让自己狠下心来，放下那些不值得的人和事情，学会断舍离，你的人生将会变得越来越好。

要培养翻篇的能力，首先需要学会放下。放下过去的失败、伤痛和已经过去的事情，不让过去的阴影影响未来，不让过去的经历成为前进的绊脚石。相信只有放下，才能轻装前行，拥有更好的自己。同时，翻篇不是遗忘，而是释怀。它意味着从过去的伤痛和失败中吸取经验和教训，而不是持续消耗自己。翻篇是勇敢面对现实和挑战，是自我调节和情绪释放的过程，让人更加坚强和自信。

翻篇能力还包括改变思维方式，积极面对人生。遇到困难时，从积极的角度看待问题，寻找解决方法。同时，要学会感恩和珍惜身边的人和事，保持乐观向上的心态。翻篇也是一种自我成长的能力，它帮助我们从过去的经历中不断学习和进步，是对未来的规划和信心。

总之，翻篇能力是现代生活中不可或缺的心理素质，它帮助我们适应快速变化的环境，调整心态，积极面对挑战，并从挫折中学习和成长。通过接受现实、积极思考、设立目标和持续学习，我们可以不断提升自己的翻篇能力，更加自信和坚定地面对人生的每一个阶段。

编　者

CONTENTES
目　录

下篇　选择翻篇放下，你的人生才更幸福

学会忽略，学会翻篇，你得到的会更多

　　每个人的身上都有这样那样的缺点，每个人在工作生活中都会遇到来自各个方面的压力，面对这些，你要如何来调整自己呢？忽略它们，让它们翻篇吧，把它们看作是你成长过程中必须经历的东西，以一种强者的姿态来面对它们，那么你就会让自己变得更加强大。

PART 1

对不完美翻篇，乐观面对一切

顺其自然，你才会一路坦途

　　有些人对于自己想要得到的东西，以及想要实现的目标过于急切，似乎不顾一切，也不管条件是否成熟，仍然孤注一掷。这样急躁的心态，无视客观规律，往往就会导致强行为之，其结果或者是不择手段误入歧途，或者不仅于事无补反而伤及自身，最终弄得身心俱疲一无所获。

　　只有懂得顺应规律的人，才不会被急于求成的心理所左右；才不会因一时的得失迷失了方向；才会理性看待发展路途上的风风雨雨是是非非；才能以宽广的胸怀接纳一切不利因素；才能站在更高的位置看到事物发展的走向；才能在应对和处理各类问题时得心应手；才能做到顺其自然，内心淡定而从容。

　　当然，这里所指的顺其自然并非是普通意义上的随波逐流、随遇而安，而是遵循自然规律办事。任何事情都有两面性，当

我们以积极的心态去做一件事时，如果太过执着，就会显得急躁和冒进，只有恰如其分，才能使我们的内心保持平衡。顺其自然实际上是一种注重过程而不过多关注结果的超然心态。

人生往往就是这样，当你穷尽心机去刻意追求一样东西时，往往难以如愿以偿。因为当你太注重于获得时，这种获得的欲望反而会成为内心的困扰和负担。而当你更在意于努力和付出，不断享受过程中的成长时，反而常常在不经意间就会获得你所想要的，甚至远远超出了你的预期。

这种顺其自然并不是一种看破红尘，自视清高，也不是一种自我减压的精神胜利法，更不是心存侥幸的守株待兔，而是

洞悉人生和自然规律后的心灵回归，是应对一切困难挑战，能够承受命运压力的智慧。它能让我们排除一切干扰，化解一切消极的情绪，保持足够的精力，满怀热情，持续向前。

我们一路追随一路奔赴，有许多急于想得到的还没有得到的，但是有些我们当初并没有预想得到的，却获得了很多。走到今天我们已经发现，所有的得失都是我们永远绕不过去的坎，该经历的必须要经历，该走的路一点都不能少。无论怎样我们都不能过于强求，保持一种健康积极的心态，人生每一步都会有鲜花盛开。

人生有缺憾，你才会追求完美

如果要问什么样的人生才会是完美的人生，很多人可能会说出各种各样的例子，来说明自己眼中的完美人生是什么样子。

事实却是，在这个世界上，基本没有什么完美的人，也就很难说有什么完美的人生了，即使是那些圣人、伟人或者是众所周知的成功人士，也很难说他们所拥有的是一个完美的人生。

普通人更是如此，每个人的想象中，自己都是最好的那个人，但现实却让我们认清，自己也有很多不完美的地方，自己的生活里，也充斥着遗憾和无奈。

但实际上，我们可以换一个角度想一想，正是因为没有完美的人生，没有完美的人，人们才会有动力一直向着更好的那个自己努力。

正是因为人生有一些遗憾，我们自身有一些缺点，我们才能够知道什么是幸福，什么是努力的意义，什么是奋斗的目标。

试想，如果真有造物主，造物主造人的时候，把每个人都设计得很完美，这个世界上的所有人都是完美的样子，那这个

世界将失去一切趣味和意义。

因为当所有人都一样的时候，也就无所谓是不是完美了，没有了比较，也就失去了好与坏的概念，反正大家都相同。

因此，可以这样说，人生有缺憾，才是最完美的状态。

真正遗憾的是，我们身上有缺点，我们的人生有缺憾，我们自己却不愿意承认缺点和遗憾的存在，非要装出一个完美的样子，这无疑是不对的。

一个人，想要有所进步，想要不断地向着，就必须认识自己的缺点，直面自己的缺点，就必须正视人生的遗憾，弥补人生的遗憾。

有缺憾，才有不断上进的可能，但也有一个必要条件，就是以一个正确的态度认识和接受自己人生的缺憾，并想办法不断改进，不断前行。所以，我们不必为了自己人生中的某些缺憾而懊恼无比，其实它们的存在对于我们的生活来说也有一些别样的意义。当然，有一些缺憾，如果影响

了我们的生活幸福，该改掉的要改掉，该弥补的要弥补。

没有必要去强装出自己拥有一个完美人生的样子，没有理由去强求自己成为一个完美无缺的人，只要我们保持着积极的生活态度，不断去追寻更好的自己就可以了。

世上没有完美，不要刻意追求

人生中，我们背负的贪婪太多了，很多时候，不是快乐使我们太远，而是我们活得还不够简单。真的，你永远也不要相信世上有"完美"这回事。不要这样要求你自己，也不要这样要求别人，更不要这样要求生活。我们要做的是：珍惜生命！珍惜现在！珍惜拥有！

这个世界本来就不是完美的，过去不是，现在不是，将来也不是，它本来就是以缺陷的形式呈现给我们的。人如果事事追求完美，那无异于自讨苦吃。

哲人说："完美本是毒。"事事追求完美是一件痛苦的事，它就像是毒害我们心灵的药饵。

人生中，我们应该静下心来，一步一个脚印地去拣你认为是相对完美的树叶。

缺憾有其独特的意义，我们不能杜绝缺憾，但我们可以升华和超越缺憾，并且在缺憾的人生中追求完美。缺憾可以当作我们追求完美的某种动力，如果我们能这样看，又何必再为种种所谓的人生缺憾而耿耿于怀呢？

有了缺憾就会产生改变和追求的目标，有了目标，就如同候鸟有了目的地，即使总在飞翔，累得上气不接下气，有期望

的目标，总是能够坚持下去。

如果事事追求完美，都要拼命做好，这会使我们自己陷入困境，不要让尽善尽美主义妨碍我们参加愉快的活动，而仅仅让自己成为一个旁观者，我们可以试着将"尽力做好"改成"努力去做"。

其实，世界上根本就没有完美。追求完美，本身就是不完美。所以，可以追求完美，但是请不要苛求完美，因为苛求完美是对自己的苛求，也是对他人的苛求，时间久了，会把自己弄得筋疲力尽，让自己失去自我，失去本色，失去快乐的原形。

我们倒不如宽心一点，给自己和他人留一个宽松的空间，让自己疲惫的心得到放松，让紧张的神经得以舒缓。"黄金无足色，白璧有微瑕"。"花开虽艳迟早要败，燕舞虽美却秋来南飞"。世间万物皆是如此，或多或少都会有一些缺陷和瑕疵。如果刻意追求完美，无法容忍瑕疵，那么"完美"就会成为一种负累，就会让生活失去真实。

其实，完美的标准是相对而言的，它因人的审美的不同而不同，今天以瘦为美，明天就可能以肥为美。古人以脚小为美，如果今天有"三寸金莲"走在大街上，路人肯定会笑掉大牙。追求完美没有错，可怕的是追而不得后的自卑与堕落。即使缺陷再大的人也有其闪光点，正如再完美的人也有缺陷一样。能够充分发挥自己的长处，照样可以赢得精彩人生。

如果你是"完美主义"者，建议你变成"完成主义"者吧！不必在乎成果如何，也不要管别人的批评，只要开始行动就可以了。做自信的自己才是最重要的。

事事苛求完美，你是自讨苦吃

人生在世，每个人都有自己的缺憾。在缺憾中领略的人生，才是真正的人生。人不应该一味地追求完满，不完满也是一种美好的境界。

佛陀曾说："如果事事都吹毛求疵，过于苛求，就会被条条框框牢牢地限制，那样只会令自己身心疲惫，而体会不到一丝人间的快乐。"正因为有很多缺失，人才会有很多希望。

正是因为完美极其缺少，我们才会倍加珍惜；也正是因为不完美，我们才知道完美的意义。凡事苛求完美，收获的只能是无穷无尽的烦恼。

追求完美本身没有错，但一个人终究不可能事事做得十全十美，要用正确的态度来对待生活、对待每一件事。对于一些事情，能追求到最好，不能拥有也不要强求，否则痛苦的不仅仅是自己，还有身边的人。

佛称我们的世界为娑婆世界，意谓缺憾不完美，完美反而是毒。因此，只有真正懂得包容不完美的人，才能获得更多的完满。

其实，真正困扰我们的是自己的内心，过分强求结果的完

美，会使过程变得空洞乏味，而结果也未必就能达到你想要的完美。事事追求完美是一件很痛苦的事，它就像一个毒饵，吸引着烦恼和忧愁，唯有正视客观事情，接受现实的残缺美，才能领悟到生活的真谛。

世界上根本就不存在完美和圆满，即使缺陷再大的人也有其闪光点，如果能够充分发挥自己的长处，照样可以赢得精彩人生。留些遗憾，倒可以使人清醒，催人奋进，反而是好事。但过于追求它，就会让自己的人生奔波劳碌，最终的结果却是一无所获。

其实，无论在生活还是工作中，你绝不可能让所有人满意，与其越做越糟，不如洒脱地放下。只有承认软弱，才可能变得坚强；只有面对人生的不完美，才能创造完美的人生。

人，如果事事追求完美，那无疑是自讨苦吃。因此，一个人应学会能屈能伸地面对人情世故，这样才能达到轻松做人的目的。

对于每一个人来讲，不完美是客观存在的，但无须怨天尤

人，因为没有缺憾的我们便无法去衡量完美，缺憾其实就是一种美。当我们为梦想和希望而付出时，我们就已经拥有了一个完整的自我。

当我们能继续在比赛中前进，并珍惜每场比赛时，我们就赢得了自己的完美。所以，看待人生和社会，一定要有辩证的思维和态度，任何事物都不是完美无缺的。

人生的缺憾有其独特的意义，我们不能杜绝缺憾，但我们可以升华和超越缺憾，并且在缺憾的人生中追求完美。若想在这人生的旅途中获得真实的幸福，唯有认清并接受生命中必须存在的缺陷。

其实，缺憾可以当作我们追求的某种动力，如果我们能这样看，就不会为种种所谓的人生缺憾而耿耿于怀。

我们所处的世界就不是完美的，过去不是，现在不是，将来也不是。要想使自己活得快乐一些，轻松一些，就必须改变凡事一定要坚持到底的说法，尤其是一些你所厌恶的事情和工作。人生不要太完美，只有适合自己的，才是幸福的生活。

不完美也是另外一种美

学会接受自己的不足，才算真正地接受了自己。

事实上，我们每个人都不是完美无瑕的。不论是脾气、性格、习惯、思想，总有一些地方难免有些不足。其实世间万事万物，完美本无标准。正所谓"菩提本无树，明镜亦非台，本来无一物，何处惹尘埃。"完美亦是缺，有缺亦完美，何来相区别？

凡事都具有多面性，不同的角度可以看到不同的风景，不同的思量自有不同的妙处。没有什么是绝对的好或坏，美或丑。

就算昙花一现，只是稍纵即逝，但它美就美在一如流星般的短暂，留给世人无限的回味与美好的记忆，这缺陷，何尝不是美得令人喟叹；牡丹华而不实，但又有多少人钟情于它的娇艳妖娆；就连那残壁的维纳斯，也正是因为少了臂膀才美得别致独韵，无可取代。

只要你能持有一份不同的视角，学会欣赏与接受，你就会看到别人看不到的美好。

生活的现实，对于每个人来说，本都是一样的。但经过各人不同的心态和认知诠释过后，便有了千姿百态的变化与不一样的意义，因而也就形成了各自不同的事实与环境。

心态改变，则事实就会改变。你若挑剔，处处皆瑕疵；你若欣赏，处处皆风景。

你心里装着陈见，装着毛病，装着哀愁，那你眼里看到的也只能是不满和黑暗。只有那些心中明亮的人，才会有明媚的心情，和积极向上的生活乐趣。

事实上，生活中有很多乐观坚强的人，即使遭受挫折、承受艰难，他们在精神上也依旧岿然不动。唯有那些充满乐观、阳光明媚的人，才能充满正能量，才能看得见生活的美好。

缺陷和不足存在于生活的每一个角落，作为独立个体的我们，更是各有所长各有所短，否则人与人之间还有什么个性区别？

因为与众不同，所以与众不同。正是因为每个人都有自己特有的形象特点，这个世界才被装点得丰富多彩。也许你在某些方面确实逊于他人，但是你同样拥有别人所无法企及的专长。

金无足赤，人无完人。世界正是因为诸多缺憾的存在，而成就了更多的美丽。追求完美，是一种弊病，累己累人。其实很多事情，我们都没

有必要执着于完美。有时候，不完美，反倒能促成另一道靓丽的风景。

世界上有许多事，倘若能倒过来，即是圆满，顺理成章却变成了缺憾。然而，难就难在事实就是这样顺理成章地进行着，我们绝无办法将它倒过来。

我们唯一能做的，就是无论对生活，还是对自己，都少一分挑剔，多一份随和愉悦。

论挑剔，这世界本就没有十全十美。凡事知足必定常乐，放下对自己的苛求，自当踏上另一番山长水阔的征途；戴上欣赏的眼镜，必然眼前风光无限好。

PART 2

对偏见翻篇，你才能看到一个精彩的世界

偏见是一堵墙

人，总是会有各种偏见，偏见就在于他和我们大多数人的标准不一样。小时候，长高个是健康标准，我们对个子矮的和胖的小朋友怀有偏见；上学时学习好是社会的标准，我们对成绩差的同学怀有偏见；成人后结婚生子是标准，我们对大龄未婚男女有偏见；生活中家庭幸福和睦是标准，我们对离异人士有偏见。

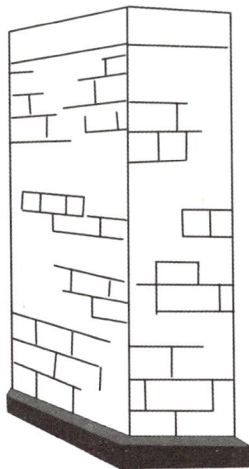

世界上有一面看不见的墙，那面墙叫作偏见。我们的偏见像是一堵让人无法翻越的高

墙，立在人与人之间，阻隔了人之间的本应该有的更深层次的交流。带着偏见看世界，那将永远固封在自己的标准里，看不到世界的真相，打破固有观念，放下自己标准，才能看到真实的世界。

偏见是人们脱离客观事实而建立起来的对人、事、物的消极认知与态度。大多数情况下，偏见是仅仅根据某些社会群体成员身份而对其形成的一种态度，并且往往是不正确的否定或怀有敌意的看法和态度。

不要以你的认知，去揣别人的世界，每个人心里都有一团火，路过的人只是看到了烟而已，不要随便去定义任何一个人的好与坏，夸奖的话可以脱口而出，诋毁的话要三思而后行。未知原貌，不予评价，已知全由，闭口不谈，出言有尺，待人有度，人多修口，人少修心。

别人的评论都是注解，自己的心才是原文。鞋子合不合脚，只有自己知道。从外表上看，虽然那双鞋在大家眼里是多么多么好，可是痛得那个人并没有喊出来而已，因为当喊疼的时候会被人各种指责各种挑剔各种旧因，怪你娇气，怪你脚不好，而并非鞋子的原因。不要轻易评断别人，除非你穿着他的麂皮靴走过两个月亮。这世间没有真正的感同身受，唯有自愈疗忧伤。

有偏见的人，心里都住着一个贼，偷走了真实，留下了偏颇。认知层次不够，看到的世界全是问题，我们每个人都有光明和

黑暗的一面，但重要的是，我们选择了哪一面，人人都不喜欢偏见，可人人都有偏见，所以管理好自己的偏见，是成年人最大的自律。

我们的一生都应是在走出偏见，接受自己的有限性，允许别人和自己不同，接受事与愿违，坦然坚定的改变中成长。在认可他人的优秀，审视自己的不足中改变。

打破偏见的最好方法就是用自己的实力刷新对方的认知。你就是一道风景，没必要在别人风景里面仰视。当你足够优秀时你周围的一切自然都会好起来。半途而废的背后，有千万种借口；成功的背后，却只有一种理由，那就是坚持。

成为一个强者，并不需要你有多厉害，多出色，只要你不轻易放下，不轻易认输，不轻易气馁，一直都相信自己，相信自己可以战胜一切。

让自己变强的最好方式，就是去做自己不敢做的事，就是勇敢地面对人生坎坷。当你不断突破自己，跨过人生的崎岖坎坷，你就会不断变强。让我们做一个强者，征服一切偏见吧！

偏见是认识上的错误

偏见，既是认知的缺陷，也是心智的蒙蔽。

《傲慢与偏见》一书描写的是小乡绅班纳特的五个待字闺中的千金，主角是二千金伊丽莎白。伊丽莎白没有大姐简那般姣好的容颜，却拥有着丰富又有内涵与个性的内心，且伶牙俐齿。当时的社会以财产和社会地位来谈婚论嫁的风气，让她对纯洁爱情与现实生活感到了迷茫。她在舞会上认识了作风傲慢的达西，但当达西对她吐露爱慕之情时，她果断地拒绝了他。当然，故事发展到最后，伊丽莎白解除了对达西的偏见，达西也放下傲慢，有情人终成眷属。

可见，傲慢与偏见，对世人来说，不仅蒙蔽眼睛，也蒙蔽了心灵，徒增好事多磨。

有太多的事件表明成见是导致社会关系不和谐的社会行为，具有普遍性和危险性，而且我们每一个人几乎都存在不同程度的偏见。那么，

这是否意味着放下成见会是一件很难的事情呢？

不过，放下偏见应该不是不可能，而是早晚的问题，不然，社会心理学家亨利·戴维·梭罗就不会这样说："放下偏见永远都不晚"。

我们应该如何做，才能放下并消除偏见呢？

实事上，基于偏见和刻板印象通常建立在错误信息的基础上，我们也许会认为让人们接触真相，偏见就会消失。但事实证明这只是一个天真的想法。毕竟偏见中隐含的情感成分，以及人们墨守成规的认知方式，这有以错误信息为基础的刻板印象，这些都很难只靠给人们提供真相便能得到修正。

如果你对某人有偏见，和他一起共事肯定是不愉快的，就会产生抵触情绪。但现实生活中，人们都处于自己的群体中，生活环境的不同造就了思想的不同，行为方式的不同。这时如果不能接受其他的不同于自己的行为方式，偏见就不可避免，就会严重影响到我们的日常生活和工作学习。这也是我们要注意到的一部分，避免出现在我们的生活中出现，降低我们和其他人的生活质量。

偏见在人类的发展史上肯定是有着不可或缺的意义的，他构成了自身内部团结的因素，也成为对外战斗的凝聚力。

人类一直是生活在集体中，原始人没有虎狼等动物强壮，也没有马羊等动物善于逃跑，可以说只有群体的生活才让人类得以存活。而被集体所接受，是人类第一需求，这就要求人类

一定要顺应集体的需求成为集体的一部分。集体的一切价值观也都会同样的灌输给每一个人，单个的个人只有全盘接受，没有拒绝的能力。顺从心理，就成为人类必不可少的一部分，也是人类生存哲学的一部分。这样，对于不同于自己的群体的敌对和反感也就是集体情绪的必然。虽然现代社会，直接敌对的群体已经越来越少，但偏见的种子已经种在了人类的基因里。而我们孩子长大的过程，同样要接受被社会同化的过程，人类基因一代代地遗传下去，同样的价值观也一代代地传递了下来。

现代社会已经是一个巨大的地球村，整个人类已经成为一个群体，已经没有群体外的威胁，偏见的基础已经不需要。但偏见已经带入人类基因，想要杜绝是不可能的，可是一些严重威胁他人，威胁社会的偏见是一定要杜绝，要避免的。这就要人类共同努力，也是现代社会一直要做的事情。

该翻篇就翻篇，别让偏见蒙蔽双眼

　　偏见是缺乏整体格局观的个人视野，别让偏见遮住了你澄澈的双眼，别让自己拥有比无知更可怕的东西。

　　心理学家认为，偏见具有极强的主观性，刻意或是不经意地忽视了事实依据的重要性。正如我们看见一个人面目丑陋便认为其内心险恶，衣冠楚楚风度翩翩便是正人君子，这些都是我们主观上的"一厢情愿"。环境一样，心境不一样时，一个个偏见也会从心灵的墨镜后"倏"地钻出来。同样一个晚上，"欢愉嫌夜短，沉闷嫌夜长"便是这个道理。世事如此，人世亦如此，如果我们以偏概全，便会在不知不觉中强化了原本既有的成见，最终酿成"冰冻三尺非一日之寒"的莫名嫌隙，不但给人生带来不必要的困扰，还会阻碍我们的进步和发展。

　　偏见如一堵墙，将固执的你我与友情和成功远远地隔开；偏见似药的副作用，好了伤痛，真正主要的功效被忽视，单单对副作用却铭记于心。偏见，是自私、狭隘和邪恶的手中暗器，它不仅会影响我们的判断，左右我们的步伐，甚至会让我们排斥真相和正确的观念，走入错误的极端。

　　当一个衣着朴素的陌生人主动联系自己，我们的第一反应

会不会认为他是有求于自己，因此敬而远之？当我们看到平时有过不愉快的人在背后窃窃私语，是不是下意识地想，他是不是在背后说自己的坏话？当我们看到平时挑剔又不合作的同事向我们走来，是不是认为，他就是来找麻烦的？种种这些疑问，对于一个光明磊落的人来说，都是不存在的。若有存在，其实是一种偏见，是偏见蒙蔽了我们的眼睛和心灵。

偏见，是指偏于一方面的见解，即成见，它是一种比较普遍的心理现象。仅从"偏见"二字的字面意思，就可以看出，"偏"就是某个侧面、不全面；"见"就是看法。产生偏见的原因是站位偏、视角偏、心胸狭窄、带主观意识、有色眼镜看人看事。它存在于每个人的身上，存在于每一个领域以及每一种文化当中，它影响着人们的推理和判断。

那么，我们应该怎样避免自己的偏见心理呢？我们可以从这几个方面尝试进行调整：

一是坚信原则。生命、人格对于每个人都是平等的，人也没有高低贵贱之分。区分的只是做人做事的人格原则。只要坚守了原

则，就不会产生偏见。

二是心胸开阔。培养自己海纳百川的宽广胸怀，为人处世不苛求全面。要有公正心，并善用动态地发展变化的眼光、以大度包容信任的心态来对人对事，就能有效减少偏见。

三是反省自己。有时候对别人意见深了，就要问问自己，是不是有意对别人怀有偏见，是不是自己有不足。只要认识到了自己的不足，就会去掉偏见。

四是加强沟通。语言的力量是神奇的，想要打败偏见，可以主动去交谈，主动去沟通交流，达成谅解。只要没有分歧了就没有了偏见。

五是观察内在。眼睛看到的不一定是事实，需要我们用心去体会。这个心不能带有偏见，要客观正确地看待。只要"心"是公正的，偏见就不会产生。

六是做好自己。对别人有偏见是时常有的，我们如果改变不了，就要心平气和地接受，有时跟别人过不去，其实是跟自己过不去。所以，最好还是不要想着与别人过不去。

七是换位思考。从旁观者的角度，跳出三界外，看问题、分析问题，所谓旁观者清，这样一想，有些问题可能就迎刃而解了。

八是客观处事。所谓的客观，就是坚持实事求是，是什么就是什么，不带主观意识来思考分析问题。没身处地为他人着

想，当然就没有偏见了。

　　工作生活中，我们也会有意无意地对家人、同事、领导带有偏见。不妨试一试，换一种心情，变一下态度，正确的思考方式，良好的个人修养，宽广的胸怀这些品质是可以培养出来的。只要取下有色眼镜，真诚待人，就不会有那么多的偏见。愿我们客观公正地对待人和事，不要有偏见，莫让偏见蒙蔽了眼睛。

有色眼镜不好，应该摘下来

"不存己成见"，永远不要有成见，不要戴着有色眼镜去看待别人。要知道，每个人都是一个世界，都有自己的一套生命程序，没必要用自己的程序去干预别人的程序。

与人交往中，我们总在感慨：为什么交心那么难？为什么总得以言不由衷的美丽谎言才能得到别人的欢喜之情？

其实，不是交心难，而是你跟别人的交心方式出了岔子，你却并不自知罢了。

有个刚参加工作的女孩，跟另外三个女孩合租了一套房子。她很烦恼，说自己不被同住的女孩接纳，她是真的很想跟她们每一个人都做好朋友的。很希望同在异乡打拼的女孩子之间都能互相多一些关照。但是，一切都是她一厢情愿地想法而已。

她说，其三个女孩会

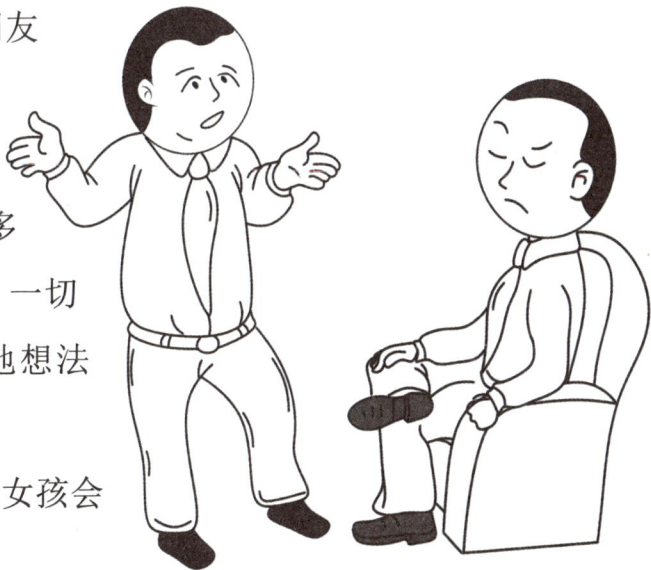

经常一起出去逛街购物、吃饭什么的，却没有人叫上她一起，她感觉自己从一开始就被孤立了。她不明白，同样是陌生的彼此聚在一起，为什么那些人都不能跟她有友好的互动呢？

偶然看她们聊天聊得热闹，她也赶紧凑过去，顺着大家的话题说上一嘴，希望可以融入她们中间。但每次，她刚说了两句话，其他人就各自散开回自己房间了，她说她自己就像个另类。虽然大家嘴上没说什么，眼神里却是满满的嫌弃。

人跟人之间的交心为什么就那么难？

对她来说，人与人之间的友好相处是一种理所当然的事情，大家住在同一屋檐下，自然就该像一个大家庭一样彼此相爱。但她没搞清楚，舍友毕竟不是家人，是否交心得看彼此的眼缘和长时间的相处，聊天也只能是顺其自然，是刚好那个话题你也懂，而不是为了融入其中而强行挤入。

带着这种完全自我化的情绪化的，以及过强的目的性去相处，除了让自己的焦虑情绪不断膨胀，还有跟随而来的处处做事的设限和小心翼翼。心累、烦躁、郁闷……她认为，那三个女孩很自私，像她这样一个热情的姑娘，她们凭什么对她排外？

自私？人家不跟你玩就是自私？你难道就没有对自己的这种"自我感觉良好"反思一下吗？戴着有色眼镜看人，你看不清别人的真实一面，别人也很难透过你那副有色眼镜，除了是对他人的不信任，也是自己设了一道与他人交心的遮挡物，从

而让自己陷入被动的尴尬。

就像这个委屈的女孩，在她指责别人的时候，恰也说明了她对自己的认知不清，总是把自己幻想成那种人见人爱花见花开的"人物"，而这种心态，相信她会在生活中有所显露出来的，或许也正是其他三个女孩不愿意跟她做朋友的一个重要的原因，而她却并不自知。

放平自己的心态，摆正与他人的关系，首先不能以恶意来假设别人，其次不能寄希望别人对自己有多尊重、理解和喜欢。与其对别人抱以较高的期待，莫不如自己先做好期待中的那个完美的舍友，如此，别人才有可能报以同样的善意给你。

交心不是用嘴巴讲出来的，他是用点滴的言行表现出来的。你可知，聪明人的处世原则其实很简单：不戴有色眼镜看他人，不捂住眼睛幻想自己。他们深知，方是做人原则，圆是处世智慧。

纪晓岚认为，做人要"处世圆滑，内心中正，不同流合污而为人谦和。"只有刚直不阿的心，却没有开动脑筋处世的圆，你的人生会负荷过重，到最后难以自理。

消除偏见，你需要推己及人

有这样一个故事：一头猪、一只绵羊和一头乳牛被关在同一个畜栏里。有一次，主人抓住猪，猪大声号叫并猛烈地抗拒。绵羊和乳牛讨厌它的嚎叫，就说："你也太夸张了吧，他常来抓我们，我们并不像你那样大呼大叫。"猪听了回答道："抓你们和抓我完全是两回事，他捉你们，只是要你们的毛和乳汁，但是捉住我，却是要我的命啊！"

这个故事告诉了我们一个道理：立场不同、所处环境不同的人很难了解对方的感受。倘若我们善于站在别人的角度看问题、发表见解，就能从内心深处理解别人，从而更接近、更符合事实，也就容易取得人家的信任，使别人易于接受，这样人与人之间的偏见、误会、矛盾就会少很多。

换位思考是指双方要站在对方的立场上考虑问题。换位思考是做人的一种气度，更是做人的一种境界。在出现争执的时候，总觉得都是别人的错误，自己是对的是行不通的。凡事多站在别人的立场上去想一想，或许有些矛盾就会避免。但如果对待有些烂人，倒也不必，可为自己着想。只有人与人之间的关系能够达到一种和谐的程度，我们人类才能在和谐中发展，在发展中进步，在进步中提高。学会换位思考，人与人之间的

关系就会变得更加和谐。

在现实社会中，每个人都不可能脱离了自己的主观意识和环境因素去判断问题。换种说法就是，我们每个人都不同程度地抱有偏见。

你可能会因为朋友的关系就对某个人越看越不顺眼，也可能以前在某件事上吃过亏就再也不愿意去尝试。

陷入偏见而不自觉，整个人就会越来越狭隘，越来越固执，看不清问题的真实面貌，甚至畏手畏脚，从而在社会中更加寸步难行。

偏见一旦植入脑海，就很难改变了，有些人或许明知道自己身上带有某种偏见，可又控制不了偏见的影响，不由自主地去做出某种选择。

那么，我们应该如何消除偏见？从而能够客观地去看待问题，了解事物的全貌呢？

文章开头我们说了，我们大多数人的偏见，都是因为内心对于善恶美丑、贫富贵贱的分别心而来的，那么消除这种分别心，就是纠正我们内心偏见的第一个办法。

眼下的这个世界，各种欲望和诱惑交织，能够超越的人不多，能生起超越之心的人也不多。但如果不超越欲望的束缚而沉沦其中，就会发现世界上到处都是比你过得更好的人，这时候，我们内心就会产生一种不平衡感。

比如，你看到本来跟你混得差不多的人忽然升职了；

大学时候成绩还不如你的人没毕业几年就买了房；

长得还不如你的人另一半却比你的优秀很多。

你往往就会觉得不公平，不甘心。

这种失衡的心态会给你带来压力，从而开始不断把别人往坏想，认为别人的成功是偶然的，别人的幸运是老天爷不公平……

其实，这世间一切都是"空"的，这并不是说一切都是虚无的，假的，而是一切都是无常的。花草树木会凋零，人会生老病死，财富也是有聚有散。事物不是一成不变，所以当下的成功和失意都是暂时的，无常才是人生的本质。

从中我们就能够知道，没必要对于别人的成功不平衡，更

不要因为自己的失败沮丧自弃，我们需要的是低谷时的坚持跟成功后的谨慎，还有不卑不亢。

今后当我们再次面对俗世的诱惑，再次感到内心失衡的时候，就可以不断告诉自己：人生是无常的，成功和失败都是生命的一个过程，任何事情我们尽力去做就好，剩下的一切交给缘分。所以说，得失淡然、宠辱不惊，才是人生的真谛。

现实生活中有时找熟人或朋友办事难免有办不成、办不好的时候，这时往往从自己的"心情"出发就会对对方埋怨甚至认为是对自己有偏见，这样既伤害双方的感情，又失去了朋友，要是换位想一下就不会伤和气了。

其实，站在不同的角度，处在不同的环境，人们的收获与理解也各不相同，没有经历的事就没有发言权，做什么事情就要朝着"阳光"的方面发展，所以停止偏见，学会换位思考吧。

PART 3

对外表翻篇，不为浮云遮望眼

目标是唯一的指引

船只在大海上航行，海面上一片茫然，船只必须拥有准确的航向以及明晰的航线，才能不断向着目标驶去。如果船只没有目标和航线，最终一定会消失在茫茫大海中，不知所终。由此可见，明确的目标和航线，对于海上航行是非常重要的。

其实，不仅仅海上航行需要目标，对于我们的人生而言，也是需要目标的。目标之于人生，恰恰如同灯塔之于船只，只有在灯塔的指引下，船只才能正常航行，人生也只有在目标的指引下，才能避免偏差，一路向前。尤其是对于事业而言，目标对于事业的成功更是具有无法取代的重要作用。

要想获得成功人生，我们第一步就要为自己确立目标，就像一次旅行，如果没有目的地，旅行的人又如何到达所谓的终点呢！所以有目标的人更容易获得成功，没有目标的人虽然付

出了很多的努力和辛劳，最终却无法到达理想的彼岸。因此我们人生设计的第一步就是确立目标，为人生确定航向，制订航线。

现在是和平年代，大多数朋友都未曾经历过战场，但是都从诸多的影视剧中看过战场上打仗的情形。在革命年代，英勇无畏的革命战士每一次与敌人战斗，都要制订作战目标。有的时候是炸毁敌人的碉堡，有的时候是攻占敌人的高地，有的时候甚至只是杀死敌人的一个小头目……就这样，革命战士用鲜血和生命实现一个又一个小目标，赢得了革命的胜利。可以说，革命先烈就是通过实现这一个个目标才最终成就大业的，我们也才有了今天幸福安乐的生活。

当然，选定目标只是开始成功之路的第一步。在确定目标

之后，我们还要坚定不移地走下去，哪怕面对坎坷和挫折，哪怕需要牺牲流血，我们也要毫不畏惧，勇往直前。

在制订目标的时候，我们还有很多注意项。诸如，人生是需要长期目标的，这是我们人生的北斗星，可以指引我们朝着最终的目的地不断前进。但是，仅仅有长期目标是不够的。日本马拉松运动员山田本一之所以能够夺得冠军，就是因为他并没有把遥远的马拉松比赛终点当成自己的唯一目标，而是把赛道以不同的标志物分成很多小目标，他逐个达到小目标，最终成功完成马拉松比赛。

在人生这场马拉松比赛中，如果只给自己一个长期目标，那么我们必然因为实现目标遥遥无期，导致心情沮丧失落，甚至失去信心。在这种情况下，我们就要把这个长期目标分解成中期目标，或者分解成很多短期目标，这样一来我们就能在不断实现目标的过程中得到激励，从而勇往直前，绝不放下。

除了长期目标、中期目标和短期目标之外，我们还可以每天都给自己设定目标。这样，当我们结束一天辛勤劳碌的学习和工作之后，必然因为实现了自己一天的目标感到内心充实，从而更加精神抖擞地迎接明天的到来。总而言之，人生是需要目标的。我们唯有确立目标才能让人生始终保持正确的航向，顺利到达人生的目的地。

找到心灵的方向，不要迷失在路上

生命是一场旅行。脚下的路，无论怎么延伸，路过的都是风景。记住起点，不迷失自己；看准未来，不迷失方向。路，好走难走，只要心明如镜，终会找到想要的风景。生命如旅行，真正的收获总在路上，不在终点。

现代人几乎都被过多的欲求和过分的执着所感染，找不到自己心灵的方向，从而成为现代精神迷失中的一员。我们的追求到底是什么？幸福又在哪里？心理学家曾提出这样一个幸福公式：总幸福指数 ＝ 先天遗传素质 ＋ 后天环境 ＋ 主动控制心灵的力量，其中主动控制心灵的力量其实就是找回真正的自己。

人生不满百，常怀千岁忧！每天早上当你驾车驶入车阵，马上切身体会到城市环线堵车堵得厉害，看着仍然亮着的红灯，你不停地看着时间，一秒一秒地走着。终于绿灯亮了，但你前面的司机却因为思想不集中而迟迟不启动车子，于是你生气地按了喇叭。前面的司机终于醒来，马上开动车子，你尾随其后。就算你准时，安全地到了公司，却在那几秒钟把自己置于紧张不快的情绪中。

有位这方面的专家曾说过："你不要让小事牵着鼻子走，

要冷静，理解别人。"其实百分之八十的烦恼都是由自己过多的欲望和执着造成的。打开报纸，你经常会看到这样的信息：前两天有两人跳轻轨自杀；城市癌症患者平均每年增长1.58%……这个世界到底怎么了？

随着社会转型的加剧以及贫富差距的扩大，你会发现，这个社会的人们每天都在忙碌着、追求着。孩子夜夜苦读，夫妻俩拼命算计，穷人挣钱吃力，富人的快乐找不到了，好像社会中的绝大多数人都在为自己的欲求努力着，但他们这份过分的执着并没有让自己过得更加幸福，生活得更快乐。

处于时刻竞争中的现代人最可怕的不是天花、麻风、癌症，而是人们的精神迷失。因为我们往往在竞争、追求和欲求中找

不到生活的本来目的，找不到自我。

　　每个人都有自己独特的使命，有些人可能在艺术、学术或事业上发挥光彩，有些人可能在家庭、社区或慈善事业上建立起自己的价值。找到自己的使命后，就会有一种坚定的内心驱动力来帮助我们政克难关和困惑，不断追求卓越和成长。

　　当我们遇到困境和挫折时，不要轻易地放下，而应该从内心深处寻找自己的方向和坚定的信心。反思自己的内心，重新审视自己的信念和价值观，寻找自己的使命，这些方法都能帮助我们找到自我，重新振作起来，迎接生命中更大的挑战和机遇。相信自己，坚定前行，才能在人生的旅途中赢得真正的胜利。

假象很 "丰满"，其实很 "骨感"

理想很丰满现实很骨感，这句话是现在很多年轻人经常挂在嘴边的一句话，说的是理想很美好，但是现实却很残酷，理想和现实之间永远隔着一座大山。这句话虽然有一定的调侃意味，但是一定程度上透露出年轻人的无奈和迷茫。

出现这个问题有两方面原因：

1. 年轻人定的目标过高，或者是出现了方向性的错误，那么这种情况下无论如何努力都无法实现自己的理想。

2. 年轻人确实有理想有追求，但是要想实现理想需要付出实际的努力，而很多人在追求理想的过程中遇到困难和问题就退缩了，永远无法跨越理想和现实这道鸿沟。

我们历尽世事的沧桑， 渐渐地明白了生活的艰难，无奈的事太多，不要计较太多，能改变的想办法改变，改变不了的学会适应，适应不了学会沉默，沉默不了学会逃避。生活中会遇到很多无法跨越或改变的事，那我们只要遵守规则、尽好义务、做好自我足以，不管多么艰难险阻，一定要踌躇满志地克服，要懂得生活中有坎坷荆棘，有苦难才会成就人生的哲理。正所谓，没有流过泪的双眼看不清生活中蕴藏的美丽，没有煎熬过

的心灵，体会不到生命的甘甜，磨难中我们学会了坚强、坚持。

渐渐地明白了婚姻，婚姻没自己想象地那么完美无缺，那么志同道合，那么一生一世，明白了爱就是爱，不能掺杂过多其他的感情色彩，如同情、怜悯、挽救之类。婚姻中曾经幸福甜蜜过，随着时光的流逝，彼此的缺点暴露无遗，那种幸福甜蜜渐渐泯灭了，生活开始平淡无味了，硝烟烈火接踵而来，伤了，痛了，爱也荡然无存了，但还得坚守这份为了责任、义务的婚姻，所以更应明白酸、甜、苦、辣，喜、怒、哀、乐，才是生活的调味品。

渐渐地明白网络中志同道合，心有灵犀的网友是憧憬美好未来的一种意境。网络中志趣相投的网友比比皆是，我们一定要珍惜这份友谊缘分，但不能欲想占有或拥有，那样会破坏彼此之间谈笑风生，畅所欲言的和谐气氛，还不如让我们站在最远处津津有味地欣赏，你会发现，越欣赏，越牵挂，越幸福，有人永远牵挂、想念，何其不美呢！

渐渐地明白健康是人一生最大

的财富，健康是生命之源，幸福之本。健康的定义是全方位的，不仅只是没有疾病，而是身体的、精神的健康和追求人生永恒幸福的总称。身体方面当然是善待自己，精神方面就需要有好心情，好心情可以使人精神焕发、信心倍增，每天用一份好心情对待凡人、凡事，你会感受到生命的真谛，生活的乐趣，生存的意义。渐渐地明白了要活出自信，必须做好自我，感性做人，理性做事。

不要贪小便宜吃大亏

常言道：贪小便宜吃大亏，这个道理是至关重要的，在任何情况下都是适用的。无论你是在工作中，还是在日常生活中，都需要时刻提醒自己不要贪图小利而忽略了长远利益。

贪小便宜可能会让你失去更多，很多人因为一时贪图小便宜而做出了错误的决定。例如，在购买商品时只看价格而忽略了品质，或者在工作中放下自己应该做的事情而选择偷懒。然而，这些所谓的"小便宜"实际上会给你带来更多的麻烦和损失。购买低价商品可能导致你需要更频繁地修理或更换，从而花费更多的金钱和时间。放下工作任务可能导致你错失晋升机会或者失去工作。

在生活中，我们常常会碰到一些看似划算的小便宜，比如低价促销、免费赠品或者二手商品等。然而，有时候贪图这些小便宜而不经思考的行为，可能会让我们因此吃大亏。今天，我们就来探讨一下为什么我们应该避免贪小便宜，以免引发潜在的风险。

首先，质量难以保证。很多时候，价格低廉的商品或服务往往存在质量问题。例如，购买低价的电子产品可能是劣质货，

容易损坏或发生故障；选择不知名的廉价医疗服务可能存在安全隐患；购买二手商品可能隐藏着使用寿命已经接近尽头或者损坏的风险。如果我们只追求价格而忽视了质量，最终可能会因为质量问题带来更大的损失。

其次，可能涉及欺诈风险。某些以次充好的商家或个人可能利用低价促销等手段吸引顾客，但实际上却并未提供所宣称的产品或服务。一旦我们上当受骗了，不仅会损失金钱，还可能浪费时间和精力来解决问题。因此，我们应该对那些价格过低的交易保持警惕，避免成为欺诈的受害者。

此外，贪小便宜可能违法或违规。有些人为了图一时的利益，可能选择购买偷盗来的商品，使用侵权软件或参与非法交易等。这些行为不仅可能违反法律法规，还会带来严重的法律后果，例如被罚款、起诉或者损害声誉。我们应该明智选择，远离任何违法违规的行为，以保护自己的合法权益。

最后，贪小便宜容易陷入购物陷阱。市场营销手段中常常使用打折、特价等策略吸引消费者，而我们容易陷入购买欲望，因为觉得这是一个好

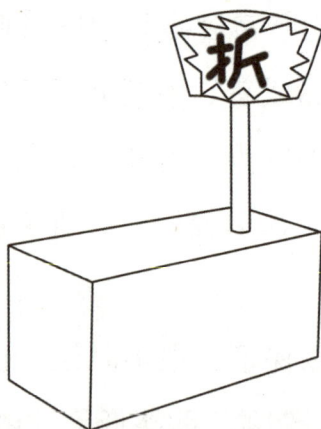

机会。然而，如果我们只是受到价格的影响而购买了不需要的商品，最终可能造成浪费和后悔。在购物时，我们需要理性思考，权衡利弊，并明确自己的需求，避免被购物欲望所驱使。

贪图小便宜吃大亏是一种不明智的行为。我们需要具备理性思维，对价格低廉的商品或服务保持警惕，并考虑质量、欺诈风险、法律法规以及购物需求等多方面因素。只有这样，我们才能避免未来可能带来的损失和后果，以及维护自己的合法权益。记住，对待购物和交易要谨慎，不要贪图一时的小便宜，以免吃大亏。

馅饼

陷阱

认清实质，才会明白舍得

对于每个人来说，我们可能需要明白，真正的舍得是一种高级的认知，如果我们不懂得舍得背后的智慧和认知，或许我们就不会去付出，也不会舍得。只有掌握了舍得背后的智慧和真正的要义，我们才能懂得人生所有的建立和创造都是基于舍得的基础上的。

舍得是一种高级的认知，如果我们掌握了这种智慧，往往在成长的路上会变得越顺畅和顺通。

在生活中，我们可能需要明白一个真相，舍得的背后是告诉我们只有付出才能得到。无论是一段感情还是在工作中，我们都先要学会付出，才能获得自己想要的东西。收获的背后是建立在付出的基础上的。为什么我们常说索取过度是一种病，因为过度的索取是建立在没有付出的基础上，不仅会消耗掉自我的生命体验，更会让生命的成长动力丧失殆尽。

舍得的逻辑是建立在我们懂得生命的背后是一个不断付出，持续得到的全过程。没有付出，就可能没有收获，也就没有那种真正的参与感。生命的本质也是建立在持续舍得的基础上的，只要生命在，我们就需要持续付出，这样我们的生命才

能真正收获平衡。

当你懂得舍得背后的真正意义时，你就会深刻懂得，生命的本身来自我们持续不断的体验，更来自我们不断探索和沟通，我们越去深度体验和沟通，我们就越能看到不一样的自己。

在大家的日常生活中，如果更通俗一点讲，舍得的意思就是愿意把自己的东西拿出来，和他人一起分享，或给予别人享用。能够舍得把属于自己的美好的东西拱手送人，而且表现出很愉悦的姿态，由此人们常常会把"舍得"的含义等同于"大方"，比如在夸赞某一个人很大方，舍得把好东西给别人时，往往会说这个人好大方，或者说这个人真舍得。

俗话说"舍得，舍得，有舍才有得"。其实在这句话里，是包含着很朴素的哲学思想和逻辑思维的。"舍"就是付出、奉献、给予、投入等等，而"得"则是回报、成果、认同、产出等等。换句话说，舍是因，得是果，没有舍出的

牺牲，就没有得到的回报。而且，人的生命有限，人生苦短，只有真正把握好舍与得的关系和尺度，学会舍得，适可而止，才会相得益彰，足知常乐。

学会舍得，本质上是一种交换思维，拿自己所拥有的去拓展更多的生命体验和生命成长的认知。我们在成长的路上体验更深、更广、更长，自然我们的人生质量也会特别好。舍得是一种大的生命体验和连接。

为什么说大舍有大得也是如此，当你舍弃一部分东西的时候，你就会获得一些东西。舍得的背后代表着人的心智是有限的，更代表着我们能占有的东西也是有限的，而学会舍得，才能让更多的人获得。

PART 4

对仇恨翻篇，让仇恨终止于宽容

仇恨需要埋没在宽容的"土壤"里

宽容对年轻人来说是一种最好的教育手段，更能培养一个人的道德修养。

在仇恨面前宽容是最好的良药，充满仇恨的心只会让自己变得更狭隘，狭隘的心会蒙蔽你明亮的双眼，删除心中的仇恨才能使生命获得重生。放下仇恨，我们才能从内心深处散发光芒，放下仇恨才能给自己一个明媚的未来。

仇恨是什么？是躲在阴暗里见不到光的虫子，他会迅速占据整个阴暗的空间，让你无法删除。如果你不加以更正，你也会被这个阴暗的空间所接纳，成为空间里的一分子。如果你不走出这个空间，仇恨很快会慢慢地在你身上滋生开来，占据你的心灵，而你得到的永远是成倍增长的负能量。

这不仅仅有害于自己，而且也会伤害到他人。仇恨只是一

种过去式，就看你用什么方式对待，

我们可以想象一下，当你把心中所有的仇恨、悲伤不愉快的事情完全释放，完全抛出，你会感到非常轻松，这就是释怀。不要因为内心承载的杂质太多，让这些无谓东西侵占我们内心的库存。

其实只要懂得放下，你就明白了，什么叫释怀，真正体会了人生要走的路和要做的事情太多，这些东西不应该牵绊我们的成长，最好能一带而过，不留痕迹。

人人都说大海的胸怀胜过世间万物，他能接纳和包容所有的是与非。不管是山间潺潺溪流，还是汹涌奔腾的黄河或是泥泞的沼泽，最终都汇进了大海。因为他有宽广的胸怀，博大的胸襟接纳所有投奔他的支流。我们也应该像他一样学会接纳并做出有效的分解和消化，这就是宽容。

没有宽容就没有友谊，没有善待就没有朋友。宽容和理解是一种力量，是搭建在朋友之间的桥梁，是照耀自己和朋友内心深处的阳光。在现实的交往中，我们要想拥有不

离不弃的友谊，就必须学会宽容。

莎士比亚说："不要为你的敌人燃起一把怒火，结果烧伤的是你自己。"我们总是记住仇恨，燃起仇恨的怒火，结果燃烧了自己，也烧伤了别人。做人就应该宽容，用宽容的心去溶解仇恨，只有溶解了仇恨，心才是轻松的，才会容纳更多的朋友。

只有用宽容的心包容敌人的人，才是高尚的人。宽容是一缕阳光，照耀着自己，也让别人的心温暖；宽容是一丝春雨，滋润着自己的心灵，也滋润着别人的心田；宽容是一粒种子，播种在自己的心里的同时，也在别人的心里生根发芽。宽容是赢得别人支持和赢得友谊最好的武器。

懂得宽容的人是幸福的，是一个有大智慧的人，宽容是人最高尚的品德，是人际关系中的相处之道。只有懂得宽容的人才是心胸宽广的人，只有心胸宽广的人才有可能去爱我们身边的每一个人。

用一颗宽容的心，原谅那些曾经伤害过你的人，学会以德报怨。用真诚的心去溶解他们对你的误会或者仇恨。你会发现，即使对方的心像冰一样坚硬，也会被你宽容的心所融化，而成为你最忠诚的朋友。

忽略仇恨，快乐在不远处等着你

我们都知道油和水是不相溶的两种物质，油浮在水面上，一个杯子里若盛满了水，油就装不进去了。同样的道理，人的心就如同这个杯子一样，怨恨与快乐也是不相容的，怨恨多了，快乐自然就盛装得少了。

我相信每个人都希望天天快乐，那么我们就除去心中对他人的怨恨吧！

人，往往是这样：别人扶了你一把，也许你很快就忘记；别人踩了你一脚，也许你会永记心中。我们记住了别人的缺点和错误，记住别人慢待我们的地方，于是，便耿耿于怀，越看这个人越满身缺点，越看这个人越不可理喻，越看越生气，越想越烦人。

我们都不是圣

贤，让我们爱自己很容易做到，爱那些爱我们的人，也不算难；如果要去爱那些得罪过自己，伤害过自己，甚至是自己的敌人，那可就不是一般人能做到的了，即便是能爱，你可能也非常勉强，但要知道，爱产生爱，仇恨只能产生仇恨，所以，学会宽恕，忘记怨恨是非常有必要的。

怨恨也是一种正常的心理，谁都有过怨恨别人的时刻，但不同的是，有的人能放下，笑谈过往；有的人却始终无法轻易地原谅别人，让自己永远活在久久挥散不去的怨念中。

在希腊神话中，有一位英雄叫海格力斯。有一天，他在路上走，忽然看见前方有一个很碍眼的袋子，于是他过去踩了一脚。谁知，这个袋子居然变大了一点。海格力斯不信邪，又踩了一脚，结果这个袋子又大了一点。海格力斯发怒了，他说："我就不信我踩不掉你。"于是就不停地开始踩，这个袋子也越变越大，最后大到挡住了海格力斯的路，他发现自己已经无路可走了。

这时候，走过来一位智者，他对海格力斯说："孩子，这个袋子叫作仇恨袋。你越是心中充满恨意，它就会越膨胀；如果你心里的恨意消失，它也会变小，甚至消失。"

在心理学上，这个效应被称作海格力斯效应。对于人类而言，仇恨越占据我们的心，它就越会不断放大；但当我们忽略掉它时，它就会自动消失。

有一个实验，叫作"白熊实验"。实验的负责人告诉参加实验的人说，让他们不要在脑中想象一头白熊的样子。结果调查发现，这些参与实验者的脑中出现的形象全部是白色，或者是一头白色的熊。

这个实验表明，如果让我们刻意地忘记仇恨，就是更加容易让自己想起仇恨，所以最好的办法就是忽略掉它，不把它当回事，真正的忽略掉这些情绪后，快乐才会找到我们。

当同事对我们言语不敬时，忽略掉它，这样与同事的关系处理就变得十分简单：不管你怎么对我不敬，我都不会真正在意；当陌生人说话做事刺激到我们的敏感点时，不去在意、不去动用情绪，所有的事情都会自动消化掉，带给我们的是生活真正的轻松。

忽略仇恨，是一种智慧的生存法则。生命是一种历练，当有一天，我们发现自己能够轻易地忽略掉仇恨的时候，那就是我们修炼成功，又到了一种新境界的时候。

无心之过，一笑置之

俗话说得好："金无足赤，人无完人。"

金子没有十足之赤，人也没有十全十美。世人都有疏漏之时，连智者千虑，都必有一失，因此面对他人无心之过，我们不应斤斤计较，宽恕他人也是放过自己。

有些人，不会忘，由于不舍得；有些人，必须要忘，因为不值得，一个转身，就可以是一个结束；一个转身，也可以是一个新的开始。相信人，相信感情，相信善良的存在，要开朗，要坚韧，要温暖地活着。每天早晨，提醒自己，生命短暂而美好，没时间纠结，没时间计较。人生，没有可不可以，只有愿不愿意。

生活是一份情缘，不管是红尘相守，还是忘于江湖，经年之后，剩下的只是宽容与感动。时光像一个美少女，低眉浅笑间，就将一些人、一些事搁在了记忆的对岸，那些落到尘埃里的花，那些飘在云端上的梦，那些匆匆掠过的风景，那些来来往往的身影，都已被时光模糊成了过往曾经，被岁月沧桑成了淡泊心境。

一个人，且行且止，且思且想，不在于你身在何处，而在于你心往何方；在喜欢你的人那里，去热爱生活，在不喜欢你

的人那里，去看清世界；懂得放下的人，得到更多，懂得取舍的人，珍惜更多，懂得遗忘的人，快乐更多；柔软的时光，揉碎了执着，荒芜了等待，岁月，来时，脚步很轻，却惊醒了时光。

光阴荏苒，走过兼葭苍苍，览过世事沧桑，褪去稚嫩，远离年少轻狂，开始学会以平和的心态，对待生命中的所有，爱情只选适合的人，生活只做真实的自己，人生只求踏实安稳。生命中每一次成长，都离不开挫折坎坷的历练，离不开爱的陪伴，最美的情怀，深藏在岁月中；最真的情意，总是在心底，在爱的路上。

真正有能力的人会懂得控制自己的脾气和情绪，心平气和地处理事情，才能认真仔细地思考事情的真相，好的脾气其实是一种处世哲学，一种人生智慧。人生有很多东西你永远无法挽留，其中就包括时间、生命和爱情。一旦失去就再也回不来了，你要做的就是尽可能地去珍惜，岁月匆匆，谁也无法停留。日子过的是一个心情，生活过的是一种质量，每个人都有属于自己

的位置，各有各自的理想和价值观。我们做好自己不要苛求别人怎么样，保持一颗善良的心，宽容对待别人，或聚或散，或得或失，平常心对待。

学会一笑置之，超然待之，懂得隐忍，懂得原谅，让自己在宽容中壮大。自己，永远是自己的主角，不要总在别人的戏剧里充当着配角。有时候，一个不经意的眼神，一次擦肩而过的邂逅，便能改写一个人的一生。人之所以悲哀，是因为我们留不住岁月。人生，不过如此，且行且珍惜！

对人宽容，于己便利

宽容别人，就是善待自己，是一种福分，别人的伤害如果是满满一杯的苦水，你心如是那杯，虽能容之，却会让你满心痛苦；你心如是那盆，痛苦便不再满心；你心如是那海，如是那佛，苦便不再是苦，而是一种超度，用宽容与胸怀超度了苦，化成了甘。

最好的心境，是静心和沉稳。水面静，才能映出完整的月亮，心静才能接受宇宙良好的信息和能量。接受良好的信息，才有良好的心态，心态决定成败和苦乐；接受良好的能量，是养生的最佳途径。心静者不浮躁，沉稳者不轻浮。人，有好的心境，才能塑造好的生活环境，优化生活环境是创造甜美生活的重要途径。

生活，就是心怀最大的善意在荆棘中穿行，即使被刺伤，亦不改初衷。这世界，没有我们想象的美好，各种恶人各种诋毁各种打击各种敌对。但永远不要放下对世界的善意，不要让恶人把自己变成恶人，不要让挫折拿走生活的勇气。不论周围的人如何刺伤身体，心中仍然要充盈善意，这样，自己不痛，与人无伤。

如果你够细心，就会发现生活中会有一些人，他们很少去责备别人，因为他们自身经历丰富，都是经历过大风大浪的人。有的人经过多年努力打拼，终于拥有了自己想要的生活，尤其是经历过多方责难之后，懂得了生活中的不易。当看到别人的不容易时，不会去责备他人，这是对生活的理解。每个人都用自己独特的角度看世界，每个人对生活的理解也各不相同。但是能设身处地站在他人的立场上，理解他人的难处，才是智慧的表现。

想要别人尊重你，首先你得尊重别人，尊重对方的自尊心，时刻注意对人的尊重和说话的礼貌，尊重别人方赢得成功。放人一马就等于放自己一马，感恩和宽容会让人肃然起敬。能与伤害过自己的人做朋友真不简单，爱和宽恕是对人最好的纪念，对别人的宽容就是对自己的宽容，宽容地对待他人的过失和歉意，方显心胸大度。做事一定注意方式和方法，效果可能会出乎你的意料。

换一下思路就是另一片天地，强攻硬取会坏事，脑筋不转弯，常会办傻事。好好留心生活，你将会变得更

聪明，知道变通，才有更好的效果，别让挑剔耽误了你的一生。做什么事都不要对自己估计得太高，自高自大，失了街亭又掉性命，知彼不难，难的是知己。过于自信，也是一种不幸。懂得自知的人，不会领兵却能驭将，自以为是往往会弄巧成拙。

别用高标准折磨自己，更不要按照自己的标准，要求别人，为难别人。多为别人想，多办高明事，礼让三分能确保安全无误，尽量去理解别人，而不是用责骂的方式解决问题。种什么因，收什么果，多替对方着想，不要固执己见。留点余地，才可能从容转身，话不可说绝，事不可做尽。拒绝时别忘给人留个台阶，内心多一分爱，生活就会多一分惊喜，凡事只达七八分处才有佳趣产生。

宽容的回报，往往是意想不到的

《寓圃杂记》中记述了杨翥的两件小事：

杨翥的邻居家丢了一只鸡，就责骂说是姓杨的给偷去了。于是杨翥的家人就把这件事情告诉了杨翥。杨翥说"又不止我们一家姓杨，随他骂去吧。"便没有去理会。另一位邻居，每到下雨天，就会把自己家院子里的积水排放到杨翥家院子里。使杨家深受脏污潮湿之苦。家人告诉杨翥这件事情，他不但没有生气，还劝说家人说"总归是晴天干燥的时候多，下雨的日子少。"时间长了，邻居们被杨翥的忍让所感动。有一年，一伙贼人密谋欲抢夺杨家的财宝，邻居们得知此事，主动组织起来帮助杨家守夜防贼，使杨家免去了一场灾祸。

生活中不是所有的事情都会顺风顺水，尽如人意。人与人之间的矛盾是在所难免的，要学会用平和的方式去化解已经发生的矛盾，或许这种解决方式会给你带来意想不到的收获。要相信世界上的好人总是比坏人多的，人非圣贤，孰能无过？

宽容不是一种无奈，而是一种胸怀，一种美德，一种力量，一种关照。对人宽容，需要的只是一点点理解和大度，但往往能带来意想不到的收获。

楚庄王有次夜宴群臣，满庭酒溢语喧，酣畅淋漓。忽然，一阵风过，烛台灯灭，漆黑一片。侍者急急忙忙寻灯点火之际，楚庄王的爱妃轻轻拽其袖子耳语道，刚才有人对她不轨，她挣脱时顺手扯去了他帽顶的缨子，灯亮其人自显。"慢！"楚庄王突喝住点灯侍者，于黑暗中命令群臣拔掉各自的帽缨。灯再次亮时，众人皆无缨而饮。

几年后的一次大战中，楚庄王困厄绝境，身旁一员猛将，死命拼杀，护驾突围。化险为夷后楚庄王躬身相谢。该将领顿然跪拜道："上次卑臣酒后失礼，若非大王宽容，早已是刀下鬼了。"楚庄王以他的宽容赢得了人心，也带来了回报。

这就是宽容，它是一种美德，也是一种力量。"人心不是靠武力征服的，而是靠爱和宽容、大度征服。"斯宾诺沙如是说。

宽容就如一盏小小的灯，虽然灯光如豆，但是温暖无处不在，它温暖着别人，也温暖着自己。

宽容的人，总能在一定的时候，得到别人的回报。因为，一个人拥有宽容，往往能

使得他人用感恩的心来回报。宽容是一种非凡的气度，是对人对事的包容和接纳。宽容是一种高贵的品质，是精神的成熟、心灵的丰盛。宽容是一种仁爱的光芒，是对别人的释怀，也是对自己的善待。

　　每一份宽容背后，都会有意想不到的收获，人厚道，天不欺，宽厚之人，必有后福，人性的两端是善恶，事物的两端是因果，命运如何，全在自己。

PART 5

对自卑翻篇，你本来就很好

自卑是一种心理疾病

　　自卑是一种心理问题，但属于一种较弱的心理问题。自卑对一个人生活的影响并不会太大。所以对有自卑心理的人来说，莫有"如果我不是自卑，我会比现在混得更好！"这一类的想法，这种想法是不对的。即使你没有自卑心理心理也不会混得好太多。莫把自己当下生活的不如意归咎于自卑心理原因。容易让自己的自卑心理加强。为什么我开头就说这个，就是因为在日常咨询中很多有自卑心理的人总是因为自卑而背负一种心理负担，导致自己在这种自我强化的自卑心理状态下白白自我消耗。

　　自卑心理是一种心理问题，之所以这么说，原因在于人的自信力是人的天生本能。如果这种天生本能不能得到良好的发挥，就形成了自卑心理。可以说自卑心理是一个人自信力本能正常发挥的障碍。自卑心理阻碍了自身自信力本能的正常发挥，

所以自卑心理是一种心理问题。需要通过心理干预解决这种心理问题，以使自己克服心理的自信障碍。让自己的自信力本能得到释放，得到正常发挥。进而让自信力这一本能为自己的生活工作添砖加瓦添助力！

可能上面这一段说自信力是人的一种本能这种说法很多人感到和自己原有的理解不对应。是的，很多人以为人的自信力是后天培养的结果，但从心理学的角度来说，这是一种误解。心理学上讲自信力是人的一种本能，不自信和自卑心理是人的一种自信力障碍，是一种自信力障碍的心理问题。

想要从自卑变得自信，首先，要认识到自己自卑的根源。有的人是因为从小家庭贫困，生活条件不如别人；有的人是因为父母管教严厉，喜欢采用批评打击的方式进行教育；有的人是因为父母过度保护，凡事包办代办，造成自己没有主见，胆小

怯懦，不够独立，甚至自卑。

了解了自卑根源后，就要有意识地改变。改变的方法有多种，下面提供几种方法：

1. 心理暗示，不断地加强正面心理暗示。

让自己的脑海里，出现这些正面词语和话语："我一定能搞定""我是有潜力的""我相信自己"等。不要出现任何负面词语，"我不自卑""我要冲破自卑"这样的句子，虽然表达的意思是鼓励的，但是因为出现"自卑"一词，潜意识就会捕捉到这个词，造成鼓励的效果不佳。

2. 不拿别人和自己比较，只注重不断超越自我，提升自我。

每个人都是独特的个体，都有优点，着眼于自己的优点，不拿别人的优点和自己的缺点比较。非要比较，就拿自己的优点和别人的缺点比较。把自己每次的犯错，当作提高自己，超越自己的机会。

把自己的优点，无论是自己认为的，还是别人提到的，汇总一下，写在纸上贴到显眼的地方，经常看看，或者念念。

3. 摒除功利心，不在乎别人的评价，提高钝感力。

自卑内向的人往往对外界比较敏感，在乎别人对自己的评价，反而更加束手束脚。意识到这点，就要提升"钝感力"，渡边淳一有本书《钝感力》，讲的就是敏感的人应该对外界反应迟钝些，钝感力越强的人，越能放得开，心大，身体好，还

容易成功。

4. 越是害怕的事情越要勇敢面对，勤加锻炼。

如果怕在众人面前说话，就偏要去众人面前多说话，越是怵头做的，越要勇敢挑战，即使是大人物，也有一开始就自卑的，很多也是慢慢不断锻炼，才渐渐适应的。现在很多人"社恐"，其实，越不跟人接触越不想接触，越会恶性循环。但是，我们清楚地认识到，人是群居的，永远不可能和社会彻底脱节。

5. 多看人际交往方面的书，学习交际技巧。

有人自卑，是不知道跟人谈什么，不知道怎么克服内心胆怯，如果能从书中学习一些技巧，在众人前自然知道怎么做了。即使不能运用书中技巧，心里也有了根基。

6. 培养自己的能力或者爱好，并努力做好。

无论是你的工作能力被认可，取得成绩，还是你在你爱好的领域做出成绩，你的自信心就会一点点累积起来，变得越来越自信。

7. 从外表和坐立行走，以及说话的语气上，塑造自信。

穿衣服选择有质感的衣服，让自己穿着感觉气质不俗；坐立行走挺直脊背，说话时，语气坚定，给人很有信心的样子，自己也会越来越自信。

愿更多人摆脱自卑阴影，创造属于自己的灿烂人生。

其实你本来就很好

这个社会给了我们太多的压力，逼着我们要成为别人希望的样子。父母希望我们多才多艺、品学兼优；相亲对象希望我们相貌堂堂、有车有房；伴侣希望我们出得厅堂、入得厨房；领导希望我们业绩突出、任劳任怨。

为了被人喜欢，被人需要，被人重视，为了得到那份工作，得到那个人，得到爱，我们刻意使自己完美无缺。别人认为你好，你就暗自欣喜，再接再厉。别人认为你不好，你就暗自神伤，改变自己。但其实，你无须活在别人的评价之下，你有权成为自己道德和信仰的最终评判者。

我们大可不必太在乎别人的看法，我们需要看见自己真实的内心，需要听见自己内心深处的声音，我们无须向每个人证明自己，无须强迫自己成为别人。真正爱我们的人一定是真正了解我们的人，他们爱的是我们本来的样子，爱的是真实的我们。

想要真正得到他人的爱，和他人拥有亲密关系，前提是要做自己、爱自己，了解自己是谁，了解自己需要什么。了解我是谁比我要成为谁更重要，愿我们都能了解真实的自己，成为

更好的自己！

我们可以顺应自己的天性，去展示属于我们自己的独特的美和真实。如果我们是蒲公英，就大方展现属于蒲公英的美；如果我们是狗尾草，就骄傲地扬起自己的尾巴，不必非得尝试着去把自己装扮成娇滴滴又带刺的玫瑰。况且，并不是所有人都喜欢娇艳的玫瑰。总有人会喜欢蒲公英的朴实和坚韧；也总有人会喜欢狗尾草的奇怪和悠然。

不管怎样，只要大大方方地展现自己原本的样子就好，总有人会喜欢自信又真实的你，总有人会懂得欣赏属于你个性里的那份独特和美。

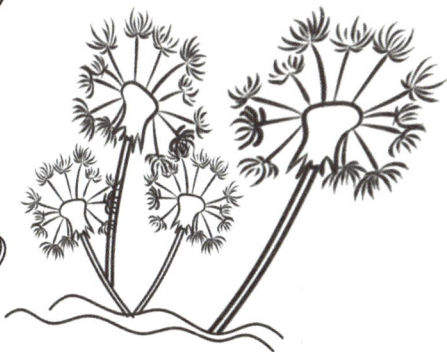

人生的珍贵在于：让你体会何为完整。完整不是只拥有"好的"，避免"坏的"，完整是既有感性又有理性，既有阳光又有阴暗面。享受和珍惜每个当下，不沉溺不安的情绪，不过分挣扎，相信一切都会过去，不执着非要获得什么样的结果，学会放松、顺其自然，而非听之任之不再努力。

　　与其违背自己的天性去学习和讨好别人，不如保持自己的个性，做真实的自己。当我们找到适合自己的节奏，并学会与自己共舞的时候，说不定到时会有人迫不及待地想加入我们的世界，欣赏我们这里的风景呢？即使没有，我们也会在练习与自己和谐共处的过程里，学会编织自己的独舞，找到自己的快乐。

　　就像山谷深处如期盛放的野花，即使无人问津，即使无人欣赏，它依然在每缕春风经过的时候，深情地打开自己，热烈地拥抱每个春天。那是属于它生命里的花期。那是属于它的春天。在那个春水初皱，万物生发的季节里，它和自己一期一会，与自己的生命深情相拥。

　　这也是我们该有的样子：即使无人欣赏，我们依然要在属于自己的季节里，与自己的生命深情相拥，热烈地开出属于我们自己的花来。

没有人为你鼓掌，那就自己鼓掌

生活总是让我们遍体鳞伤，没人理会也要为自己加油鼓掌，为自己增加能力。曾经的艰难曲折总会变成你坚硬的铠甲，那些经历过的磨难会让一个人变得更加坚强。相信自己，可以活得很出色，就算没人支持，也要自己微笑着坚强。

即使没有人为你鼓掌，也要优雅的谢幕，并感谢自己的认真付出。这是一个人人都可以学习的生活态度，也是一种面对人生得失的智慧。

在生活的舞台上，我们都是演员，有时候会被人欣赏，有时候却无人喝彩。当我们的辛勤付出却没得到预期的回报时，很容易感到失落和挫败。然而，此时我们不能忘记，优雅的谢幕也是一种肯定自我、尊重自我的方式。

优雅谢幕并非易事，它要求我们坦然面对挫折，同时感谢自己的付出。只有这样，我们才能真正理解生活的意义，并从中收获成长与力量。这种态度会使我们在人生的道路上变得更加坚定，更有信心。

一个叫刘健的人很好地诠释了这个道理。他独自在城市打拼，每天都投入大量的时间和精力去工作和学习。然而，他的努力并未立即得到回报。他在一个大型项目中担任了主要角色，但最终项目失败了，他因此被解雇。

面对这样的打击，刘健没有沉沦，反而选择优雅地谢幕。他深知自己在项目中的付出与努力，也明白自己的不足之处。因此，他坦然接受了失败，并从中汲取了经验教训。他开始更加努力地提升自己的能力，并最终在一家小型公司找到了新的机会。

在这个新的岗位上，刘健充分发挥了自己的优势和潜力，取得了显著的成果。他的故事告诉我们，即使在没有人为我们鼓掌的时候，也要保持优雅的谢幕。这种态度使我们能够在逆境中找到成长的机会，从而不断提升自己。

当我们在人生的舞台上表演时，或许会遭遇冷遇和失败，

但只要我们能够优雅地谢幕并感谢自己的付出，就能在挫折中找到力量与勇气，这是一种值得我们每个人学习的生活智慧。所以，即使没有人为你鼓掌，也要优雅的谢幕，并感谢自己的认真付出。这是一种对生活的尊重，也是一种对自己的认可。

在生活中，我们会遇到各种各样的情况，有成功也有失败，有欣赏你的观众，也有冷漠的旁观者。但不论如何，我们都要保持一颗感恩的心，感谢每一次的挑战和机遇，感谢自己的每一次付出。因为正是这些挑战和机遇，让我们成长，让我们变得更加坚强和勇敢。

当没有人为你鼓掌的时候，也许你会感到孤独和失落，但请你相信，你的付出总会被看见，你的努力总会有回报。也许在下一个转角，你就会遇到那个懂得欣赏你的人，那个愿意为你鼓掌的人。

在这人生的舞台上，我们都是独一无二的演员。无论台下是否有观众，我们都应该用心演绎每一个角色，用感恩的心去对待每一次的挑战和机遇。因为每一次的付出，每一次的尝试，都是为了让我们变得更好，更接近那个最真实的自己。

所以，即使没有人为你鼓掌，也要优雅的谢幕，感谢自己的认真付出。这是一种智慧，也是一种态度。让我们在人生的道路上，不忘初心，继续前行，用感恩的心去迎接每一次的挑战和机遇，用优雅的方式去谢幕。

尽善不足，超越自卑

从心理学而言，自卑心理也就是指一种对自己的能力及品质的评价偏低，而产生不如别人的自我意识。一个人如果长期被过重的自卑心理所笼罩、支配就会失去自信，影响自身潜在才能和智慧的自我发挥，难以享受成功的欢乐。经常处于郁郁寡欢之中，一遇到竞争就甘拜下风，不战而退，失去应有的勇气，与许多成功的机会失之交臂，可见其危害甚大。下面就和我一起看看如何超越自卑，在梦想的道路上开出不一样的花。

自卑像是埋藏在体内的一根刺，会因不经意间的被触动而隐隐作痛，也会因害怕被触及而令人踯躅不前。

自卑的形成与人格特质有关，比如，抑郁性气质、内向性格的个体对外界的感受性较强，会将接收到信息深度加工，且不容易宣泄和排解消极体验，当遭遇挫折时，倾向

于将失败的原因指向自己，容易产生自卑心理。此外，完美主义倾向容易导致自卑，个体会因对完美的追求，建立心中的理想自我，并用这个近乎完美的理想自我衡量现实自我，当因自我局限达不到理想标准或要求时，便容易转向自卑。

超越自卑，抵达自信的深层心理基础在于"自我确信"，自我确信并不是要求一个完美的自我，而是承认、接纳我们每一个人。生而为人皆有局限性，自我确信意味着充分知晓自己的特质，理解自己的行为，了解自己的需要。自我确信意味着确认自己的独特性和价值，无论自己是高矮胖瘦、开朗或是害羞，都可以追求自己心之向往，获得一部分他人的爱与支持，都可以回归你的本来模样，成为你自己。

人无完人，每个人在成长的过程中都会面临各种缺点和错误。如何对待这些问题，不仅关系到个人的成长，还影响到与他人的关系以及职业发展。

对待自身的缺点和错误，我们应该采取以下四个步骤：承认、反思、改正和预防。首先，要勇于承认自己的缺点和错误，这是自我完善的第一步。其次，通过深入反思，找出问题的根源。接着，制定具体的改进计划并付诸实践，以改正缺点和错误。最后，总结经验教训，预防类似问题的再次出现。

我们知道笑能给人自信，它是医治信心不足的良药。你真诚的向每个人展颜微笑，他就会对你产生好感，这种好感足以

使你充满自信。

正如一首诗所说，微笑是疲倦者的休息，沮丧者的白天，悲伤者的阳光，大自然的最佳营养。

个人都是独一无二的个体，你完全可以有自己喜欢的发型，喜欢的流行音乐，喜欢的服饰。将自己最美的一面展示给别人，你也可以收获属于自己的快乐和自信。

谁都不能代替你过你的人生，谁都不能真正帮你解决问题，但是拥有了勇气，我们就有了克服困难的活力，去超越自卑强大内心，任何时刻都能成为你人生的新开始。

用自信来赶走自卑

你是否曾经有过这样的经历：在与他人比较时，感到自己处处不如人？或者在面对困难时，脑海中总有一个声音告诉你"你不行"？如果你有过这样的感受，那么我想说，你不是一个人在战斗。我们都有过自卑的时刻，但关键在于我们如何面对和克服它。

在面对困难和挑战时，自信心是战胜自卑情绪的关键。自信心强大的人充满斗志，积极乐观，能够激发潜能，做出冷静应对。树立自信心是评价自我价值的一种表现，可以帮助人们克服自卑心理，勇敢面对挫折。好的自信心是积极态度的核心，它能够为人们带来成功的机会。现在让我们来看看怎样树立自信心吧。

1. 打造个人形象

多数人由于对自己的长相不满而感到自卑，所以树立良好的个人形象非常重要。在自己能力范围内，合理打造个人形象会让人更自信。女性特别容易受到外貌的影响，但是我们要记住，每个人都有自己的特色，只要我们充分发挥自身潜力，就能够正视和接受自己。合理打造形象能够让我们正确认识自己，

树立起自信心。

在形象打造方面，还可以从其他方面下手，比如穿着打扮、举止仪态等。合适的穿着能够让我们感觉更自信，因为它能够凸显我们的气质和风采。此外，注意细节的把握也很重要，保持良好的姿态和举止会让人对我们留下好印象。对于女性来说，精心搭配化妆也是一种提升自信的方式，通过化妆来展示个人魅力，既能增强自信，

又能让我们更加自信地面对他人。

2. 多读书丰富内涵

自信心不仅体现在外貌方面，还体现在我们的能力上。成功的人大多都有强烈的自信心，而这种自信心并不仅仅源于他们的成功，更源于他们对自己知识储备的自信。多读书可以开阔视野，提高我们的精神境界，从而增强自信心。阅读可以培养智慧和思维能力，让我们具备更多的知识和信息，为我们的发展提供更多的可能性。通过阅读，我们能够拓展思维，培养自己

独立思考的能力，对于自信心的培养有着重要的作用。

读书不仅仅是为了增加知识，还可以培养情感和丰富内涵。阅读文学和人文类书籍可以让我们更加深入地了解人性和生活，帮助我们在面对困境时更加从容和淡定。此外，通过读书，我们还可以拓展我们的兴趣爱好，培养自己的个人爱好和特长，充实自己的生活，增加自信心。

3. 克服害羞，积极面对他人

害羞的人往往会躲在角落，逃避社交活动，这种心理会影响我们与别人的交流和互动。要克服自卑心理，获得自信，就需要克服内心的懦弱和恐惧。首先，我们要带着正向的心态去面对他人，学会与人眼神交流，不要躲避。其次，我们可以通过锻炼在公众场合表达自己的能力，如演讲、演出等，来增强自信心。通过锻炼我们在公众场合的表达能力，我们可以培养自己内心的强大，获得更多的自信。

克服害羞还需要培养积极的心态。要从积极的角度来看待自己，相信自己的能力和价值。告诉自己，每个人都有自己的闪光点和特长，我们要善于发现和展示自己的优点，而不是沉溺于自卑情绪中。此外，要学会接受和适应他人的评价和意见，尊重他人的观点，从中学习和成长，这也是增强自信心的有效途径。

4. 设定小目标并完成

　　自信心源于不断超越自我的过程，通过不断的超越，我们可以获得满足感和优越感。积极的经历可以让我们体验到积极的情绪，因此，我们可以每天设定一些小目标，努力去完成，从而树立自信心。这些小目标可以是学习上的，工作上的，或者是个人成长方面的，只要不断超越自己，一步步取得进展，就能够增强自信心。

　　你是否已经开始尝试克服自卑，拥抱自信？在这个过程中，你可能会遇到挫折和困难。但请记住，勇敢地面对它们是战胜自卑的关键。作为一个现代人，应具有迎接失败的心理准备。世界充满了成功的机遇，也充满了失败的可能。所以要不断提高自我应对挫折与干扰的能力，调整自己，增强社会适应力，坚信失败乃成功之母。若每次失败之后都能有所"领悟"，把每一次失败当作成功的前奏，那么就能化消极为积极，变自卑为自信。

下 篇

选择翻篇放下，你的人生才更幸福

人生最大的幸福是放得下。一个人在处世中，拿得起是一种勇气，放得下是一种肚量。对于人生道路上的鲜花与荆棘，如果我们都不能保持平常心，只盯着荆棘，纵然是再好的机遇摆在面前，也会错过。选择翻篇放下是一种心态的选择，为了更好地拥有，是一种生活的智慧。学会翻篇放下，才能有所成就，有所解脱。

PART 1

翻篇放下是一种勇气

放下是一种解脱

人生在世，难免要经历狂风暴雨。只要心中有阳光，放下思想包袱，人生就会永远充满快乐和希望。当你消极时，当你忧郁时，不妨换种心态去对待生活，你会发现幸福其实很简单，它源自你的内心，就抓在你的手里。学会乐观，学会幽默，学会营造快乐，学会轻松生活，吃得下，睡得香，想得开，远离忧愁、悲伤和烦恼，这样的人生才是有意义的人生。

一次默默地放下，放下一个心仪却无缘分的朋友；放下某种投入却无收获的感情；放下某种心灵的期望；放下某种思想；放下某种选择，这时就会生出一种伤感。然而这种伤感并不妨碍自己去重新开始，在新的时空将音乐重听一遍，将故事再说一遍，因为这是一种自然的告别与放下，它富有超脱精神，因而伤感得美丽！

曾经有种感觉，想让它成为永远。过了许多年，才发现它已渐渐消逝。然后才懂：原来握在手里的，不一定就是我们真正拥有的；我们所拥有的，也不一定就是我们真正铭刻在心的。人生其实很多时候都需要自觉地放下。

人世间有太多美好的事物，对没有拥有的美好，我们一直在苦苦地向往与追求，为了获得而忙忙碌碌。其实自己真正所需要的，往往要在经历许多年后才会明白，甚至穷尽一生也不知所以。而对已经拥有的美好，我们又常常存有一分忐忑与担心。夕阳易逝的叹息，花开花落的烦恼，人生本是不快乐的。

因为拥有的时候，我们也许正在失去，而放下的时候，我们也许又在重新获得。对万事万物，我们其实都不可能有绝对的把握。如果刻意去追逐与拥有，就很难走出。 "我不是因你而来到这个世界，却是因为你而更加眷恋这个世界！如果能和你在一起，我会对这个世界满怀感激，如果不能和你在一起，我会默默地走开，却仍然不会失掉对这个世界的爱和感激。

自信

感激上天让我与你相遇，与你别离，完成上帝所创造的一首诗！"生命给了我们无尽的悲哀，也给了我们永远的答案。于是，安然一份放下，固守一份超脱。不管红尘世俗的生活如何变迁，不管个人的选择方式如何，更不管握在手中的东西轻重如何，我们虽逃避也勇敢，虽伤感也欣慰。

所以生命需要升华出安静超脱的精神——明白的人懂得翻篇放下，真情的人懂得牺牲，幸福的人懂得超脱！

翻篇放下，是一种智慧。人生如同一场漫长的旅行，我们总会遇到许多坎坷与挫折。有时候，执着于过去的痛苦只会让我们背负沉重的包袱，无法轻松地前行。学会翻篇放下，就是要让我们从过去的阴影中走出来，用更宽广的胸怀去面对未来的挑战。我们像往常一样向着生活的深处走去，又像往常一样在逐步放下，而又逐步坚强！

放下更是一种美丽

怀旧是人的天性，但过于沉溺在过去，容易让人消沉悲观，不能快乐地活在当下。其实，世上没有后悔药，计较过去又有何用呢？人到中老年，不如就让过去的过去，珍惜当下的美好时光，善待如今的自己，你将会发现，人生可以每天都很快乐！

人生中的每一次追求恰如一支激昂的赞歌。鼓励我们不断前进，即使遇到坎坷我们的心依然澎湃。你可明白，人生中的每一次放下也是一沟潺潺的清泉，为我们洗去心灵的尘埃与忧郁，激励我们再一次追求美好。

我们经历了许多选择，也许在大多数人看来，我们应当选择永不放下。永不放下是一种美丽，可是我想说放下也是一种美丽，舍得舍得，有舍就有得。放下如同悬崖勒马，而不是一

味地向前奔驰；放下如同放下屠刀，立地成佛；放下如同一场负重的逃亡，仅有放下重物，我们才会不被逮捕，不被凌辱。放下能够让你登高望远，放下能够让你如履薄冰，放下能够让你看那山更青水更绿，风儿更温柔。

放下了，是表面上的谦让，是表面上的退缩，是表面上的后撤。殊不知是大智若愚，大巧若拙，大道至简。放下会让你的眼界开阔，让你更上一层楼，眺望远处的风景，观长河落日，观芳木萋萋，观莺飞草长。进行一场美的盛宴。

放下也是一种美丽，如陶渊明一般自在自得。

"采菊东篱下，悠然见南山"，陶渊明过的是行云流水一般的生活。应对高官厚禄，他仅几日便辞别而去，付之一笑。放下了利益，放下了名声，终日与芳草为伴，以菊花为伴，以南山为伴，闲云野鹤，安贫乐道，"不为五斗米折腰"。如果陶渊明没有放下高官厚禄，他就此处处折腰，不得自在；如果陶渊明没有放下高官厚禄，他会偏离自我的初心；如果陶渊明没有放下高官厚禄，我们的文学史上也就少了一位田园诗人。放下也是一种美丽，陶渊明的放下是美丽的，如一幅画卷，美不胜收。

放下也是一种美丽，譬如鲁迅弃医从文。

在那个山河破碎的年代，中国人饱受欺凌。在日本上学的鲁迅专心于医学，立志要救死扶伤，拯救国人的性命。直到有

一次，鲁迅看了一部电影，日本军士砍下了中国人的头颅，围观的有许多中国人，他们神情木然。鲁迅顿悟，学医只是治疗生理上的病痛，不能治疗思想上的病痛。于是鲁迅勇敢地放下医学，从事文学的工作，意欲用文字唤醒国人，惊动国人，拯救国人。事实证明他的选择是正确的，是美丽的。鲁迅我手写我心，成为一位人生的斗士，他的文章洋洋洒洒，为中国人开了药方。放下也是一种美丽，鲁迅的放下是美丽的，如一首诗歌，沁人心脾。

有时失去并不是一种悲伤，而有可能就是幸运；有时失去，并不是一种忧愁，而恰恰就是一种欢乐。我们并不排斥执着，但同时也要学会放下。人生要学会选择放下，因为放下也是一种美丽。

翻篇放下了，快乐就不远了

　　人生就像一场漫长的旅程，我们在行走的过程中会有欢笑，也会有泪水，会有得到，也会有失去。然而，要想在这趟旅程中活得快乐，就必须学会放下。放下过去的痛苦，放下对未来的执着，放下心中的恐惧和疑虑，只有这样，我们才能更轻松地前行，体验生活的美好。

　　学会放下，是对自己的一种照顾。我们不能改变过去，但可以选择怎样面对和处理过去的经历。我们可以选择把握住过去的教训，让它们成为我们成长的动力，也可以选择放下过去的痛苦，让自己活在当下。

　　生活中，总有太多的困惑，有些事，不明不白，让人猜不透，有些人，戴着面具，让人看不清，有些理，模模糊糊，让人悟不出。历经世间沧桑，方能懂得生活淡然的真谛。经历过岁月磨砺，才会读懂人心的善恶，走过

曲曲折折，坎坎坷坷的道路后，方才读懂人生要随缘，不要太计较自己的付出与收获。

风霜雨雪，人生路上我们学会了放弃，事情真真假假，时间能见证，感情冷冷暖暖，风雨能考验。心坦荡了，人就轻松了。烦恼是自己找的，快乐是自己给的。与其自怨自艾过每天，不如开开心心度余年。眼前的大事，到了明天就变成了小事，昨天的烦恼，到了今天也许就不复存在了。

别想那么多，放宽心才能更开心。人要学会放下，放下烦恼，放下不悦，放下低谷的那个自己，放下烦恼的那个自己。只要开心从容，就不怕韶华易逝。想得太多，心总是会累，不要把惆怅老是往自己心里堆积。随缘顺心，懂得知足，就是满足，就是幸福。幸福在于心态，快乐在于认知。

做人最好状态是懂得放下，不管他人闲事，不晒自己优越，也不秀恩爱。人生就是越成长，越懂得内敛自持。做人要懂得沉默，不说别人坏话，做好自己即可。凡事不求深刻，简单就好。你活着不是为讨他人喜欢，也不是为炫耀你所拥有的，而是为了让自己从心底感受到生活的美好和温柔。

生活要学会放下，不必在意身外的目光，不必在意他人的评价，为自己活着。愚痴的人总想让人家了解自己，而有智慧的人总是努力地了解自己。放下纠结，做喜欢的事情，放下矜持，爱最亲近的人，想笑就大笑，想哭就痛哭，不用束缚情感的空间，

做回想要的自己，你才会活得轻松自在。

人的一生也正如太阳照耀的一天。早晨为人们带来曙光，中午为人们带来热量，傍晚为人们带来余晖。一天也就如此。有深，有浅，有起，有落，生活亦是这般变化的，晴天雨天都是必经。所以不必生活在纠结中，放下了，你才能懂得，心才会更从容！

最轻松的人生莫过于笑看风云平常心。看淡了，放下了，心便通透了，其实你什么都没有失去，又何必害怕失去，其实你什么都没有，又何必去执念曾经的拥有，生命原本没有一切，又何必惧怕一切，你经历的种种磨难，都是让生命结成茧，变成了无坚不摧的铠甲。这一生，无论什么时候要好好爱自己，没有谁会一直跟着你，心存美好，便能遇见美好，放下烦恼，快乐就会多一些。

看不透的人心，放不下的牵挂，经历不完的酸甜苦辣，走不完的坎坷，越不过的无奈，忘不了的昨天，忙不完的今天，想不到的明天，最后不知道会消失在哪一天，这就是人生。人生如天气，可预料，但往往出乎意料。不管是阳光灿烂，还是聚散无常，一份好心情，是人生唯一不能被剥夺的财富。把握好每天的生活，学会放下该放下的，你才能拥有更快意的人生！

放下一时，赢得一世

生命之中，会遇到各种各样的选择与诱惑，不属于我们自己的太多太多，人只有一双手，能握住的总是有限的。我们应该学会选择，更要学会放下。

放不下的人生会多了许多包袱，会让自己的脚步变得越来越沉重，最终会使我们不堪重负。人生学会放下了，即使会因此而失去某些东西，但这也是真正的赢得。

毕竟"拿得起，放得下"这件事并不是所有人都能够做到的，真正能够超脱自然的人才是人生真正的赢家。

人生漫漫，有的人为了心中的某个执念，苦苦追寻了一生，最终仍是抱着遗憾离去；有的人为了心中的某个念想，寻死觅活，不能静静享受美好时光；而有的人懂得适当放下，荣辱不惊去留无意，过着知足且自由的生活。

曾经认为夸父逐日是一件很美好的神话故事，但随着成长渐渐发现，夸父因为逐日这个执念而终日奔跑，最终渴死在路上，虽然后来被传为佳话，却也难免会有些惋惜和遗憾。

假若没有这层执念，就不必终日奔跑来不及看一看路上的风景，听一听枝丫上的鸟鸣，抬头看一看除了太阳还有蓝天白云，璀璨星河。

有些时候人们往往会为了某个执念，抛弃身边的一切美好事物，甚至会不顾一切地去追逐，那么就会导致我们忽略很多很多美好的事物，也会忽略我们身边那些更加值得的事情。这样反而会把束缚自己，失去了原本的自由，在一个笼子里绕来绕去，倒不如放下执念，赢得原本属于自己的自由，无拘无束地去追求自己想要的生活和事物。

快乐与否，取决于我们计较得多少，伤心与否，取决于我们在意多少，尽心则心定，尽力则心静。一杯水，举一分钟，会很轻松；举十分钟，会有些累；举一个小时，会感到胳膊酸痛；当如果要你举一天，一定是难以实现的。

其实生活的包裹有很多，他们或大或小，或轻或重，举得时间久了难免会不堪重负，最重要的是要学会放下这些包袱和负担，轻装简从才能走得更远更久。

曾经听说过这样一句话"人生之路，该哭就哭，该笑就笑，只是不要忘记赶路。"人生原本就是漫长的旅途，生活也有很多对我们的考验，也难免会有很多包袱。如果每一个包袱都背在身上，时间久了，积累的包袱多了，背上的负担就会越来越重，也会越来越压得人直不起腰来。

若是学会适当地丢弃某些包袱，一边走一边丢，就不会因为有包袱的堆积而导致负担的加重，生活也会因此缓解，也会因此而变得更加轻松。

不会翻篇输不起是人生最大的失败

对于每一个人来说，失败几乎是与生俱来的，即便是运气再好的"幸运儿"，也难免会有失败的时候。

比如，自己心爱的女孩儿却爱上了别人，自己以为稳操胜券的事情却出现了变故，这都是再正常不过的事情。虽然人人都对失败避之不及，但只要活着，就一定会有失败的时候，因为这是人生的必修课，任何人都无法逃避。

其实，失败并不可怕，因为这是人生的一种常态，而真正可怕的是一个渴望成功的人却"输不起"。

越是"输不起"的人，到最后往往输掉的就越多，从他开始变得"输不起"的那一天，就已经与成功无缘了，原因有两个：

第一，"输不起"会让人变得心态失衡。

一个人之所以会觉得自己失败了，是因为自己主观上觉得本该属于自己的东西却没有得到，本该出现的结果却没有出现，而实际上，自己所期待的东西或者结果原本就不是属于自己的。

比如，一个一心想通过创业来改变命运的人，虽然付出了大量的努力，花费了大量的精力，但最终却一无所获，此时难免会心态失衡，开始抱怨社会不公平，抱怨自己没有"拼爹"的资本。

但客观地来看，创业本身就是一件风险极高的事情，失败就像家常便饭一样平常，相反，成功才是偶然。所以，一旦心态开始失衡，对很多事也就失去了客观理性的判断，变得极为主观和极端，丧失了基本的是非观念和辨别能力，当然，与成功也就渐行渐远。

第二，"输不起"会让人丧失许多宝贵的资源。

对于想成功的人来说，失败是必然要经历的阶段，因为成功所需要的经验、毅力、勇气、智慧等等这些，都需要在失败的过程中才能获得，所以才有了失败是成功之母的说法。

一个优秀的市场营销者如果没有经历种种失败，就不会有敏锐的市场洞察力和超卓的眼光；郭德纲如果没有当年那些失败的经历，就不会有那些让他爆火的相声作品的素材来源和后来对人性深刻的感悟。

这就像一个武林高手一样，如果因为"输不起"而故步自封，不敢去找比自己厉害的高手去切磋和较量，如何能知道自己的缺陷，如何能补齐自己的短板，成为一个名副其实的高手呢。

所以，"输不起"的人不敢再次面对失败，也就意味着彻底失去了能让自己离成功更近的许多宝贵的资源，成功自然也就变成了一种奢望。

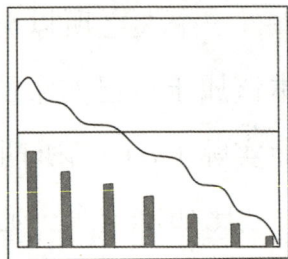

PART 2

放下计较，快乐的人生等待着你

快乐的人，往往是很少计较的人

在这个物欲横流、竞争激烈的现代社会，人们往往被外界物质的诱惑所驱使，不断追求更多的财富和物质享受。然而，真正的快乐并不仅仅来源于物质的丰富，更关乎个人内心的态度和生活的态度。人之所以快乐，不是因为得到的多，而是因为计较得少。

有的人认为，只有通过得到更多的物质财富，才能实现内心的满足和快乐。然而，当我们回首往事，我们会发现，真正的快乐并不在于我们曾经拥有过多少，而在于我们是否愿意放下那些无谓的计较。

人生的道路上，总会有许多的得与失。有些人因为过于计较得失，而让自己陷入无尽的烦恼和痛苦中。他们总是担心失

去的太多，或者得到的太少，以至于忘记了享受生活中的每一个美好瞬间。

而有些人，却能够以一种豁达的心态面对生活中的一切。他们不计较得失，不纠结于过去，而是珍惜当下，享受生活中的每一个瞬间。

首先，物质的丰富并不一定带来真正的快乐。当我们不断追求物质的欲望时，往往陷入了无休止的追求和比较中。无论得到什么，总有更高的标准和更多的渴望。这种追求往往使人心乱如麻，快乐成为了永远被人追逐而无法真正拥有的东西。相反，当我们学会简单地满足所拥有的东西，不将物质作为衡量快乐的唯一标准时，才能真正享受到内心的宁静和满足。

其次，计较的少是快乐的前提。人们常常因为计较他人的得失、地位和财富而陷入焦虑和纷争之中。计较带来的压力和烦恼让人失去了快乐的能力。相反，当我们学会宽容和包容，不以物质和外界评判为重，而是以内心的平静和善待他人为重时，我们才能在相对纷乱的世界中找到真正的快乐。

再者，快乐与内心的平衡有关。人生最大的

幸福来自于内心的自由和满足。当我们学会充分发挥自己的优势，保持内心的和谐和平衡，才能在面对各种挫折和困难时保持乐观和坚定的心态。只有追求内心的宁静与满足，释放掉对外界评判的束缚，我们才能找到真正的快乐。

最后，快乐也与心态和生活态度有关。人们常常陷入对过去的后悔和对未来的担忧中，无法真正享受当下的美好。然而，过去的无法改变，未来的也无法预知，唯有放下杂念，专注于当下，才能真正感受到生活的美好和快乐。有着积极的心态和乐观的生活态度，我们才能真正体验到快乐的力量。

我们要学会放下心中的计较，用一颗平静的心去感受生活中的美好和快乐。我们要相信自己的能力和价值，相信生活中总会有美好的事情发生在我们身上。最后，让我们一起牢记这句话：快乐不是因为得到的多，而是因为计较的少。让我们一起努力成为一个不计较得失的人，享受生活中的每一个美好瞬间。

流言蜚语，漠然置之

俗话说："谁人背后无人说，谁人背后不说人"。在人群之中，因为妒忌或者偏见乃至其他各种原因，出现闲言闲语乃至流言蜚语都是很正常的事情。有时，你可能一不小心就成为散播流言蜚语的人；有时，你也可能成为被流言蜚语攻击的对象。

我们不论是在工作中，还是生活中，难免会碰到喜欢搬弄是非、散播谣言之人。我们如果想时刻保持心情舒畅，在面对那些流言蜚语时，应该谨言慎行。正所谓防人之心不可有，害人之心不可无，在人多口杂之地，不要透露自己的隐私，让爱搬弄是非之人无信息可挖，从而让流言蜚语无处可寻。

所谓流言蜚语，一般就是指没有根据地捕风捉影，对他人进行不负责任、无中生有的讽刺、非议、指责和批评。流言蜚语的危害性是巨大，如果不会应对，那就会深受其扰，甚至毁掉自己的整个人生，像这种例子并不少见，如民国时期的著名影星阮玲玉，就是因为受不了流言蜚语而选择了自寻短见。

那么，应该如何正确地应对流言蜚语呢？一般来说，真正厉害的人，面对流言蜚语，会坚持以下三个原则，是内心强大的表现，也就没有人能伤得了你。

一、消除畏惧心理。

人活在世上，总免不了被他人议论。比如你的工作有了成绩，受到表彰和奖励，很快就会成为同事议论的中心，有的人甚至会散播流言蜚语，比如说你走了什么后门，或者喜欢拍领导的马屁，这并没有什么可奇怪的。要紧的是，自己不能被流言蜚语所吓倒，以至于不知所措，甚至败下阵来，那是懦夫的行径。而真正内心强大的人，往往不畏人言，因为他们深知，这些流言蜚语和自己的事业相比，只是尘埃一般东西。所以，无论面对怎样的流言蜚语，都别害怕，更不能因为害怕而止步不前。

二、要学会独立思考。

要想在流言蜚语中站稳脚跟，坚定自己的信念和决心，强大自己的内心，学会独立思考非常重要。所谓独立思考，就是说，面对流言蜚语，你要进行理性的分析，要有自己的主见，而不是被流言蜚语所操纵，怀疑自己或者做出不理性的举动。另外，还要多思考自己真正想做的是什么，想成为一个什么样的人，而不要总考虑别人如何看待

你。只有通过独立的思考，你才不会被流言蜚语所击倒。

三、要有宽广的胸怀。

一个人，在受到流言蜚语的攻击时，自信心、自尊心难免被伤害，这当然是一件很痛苦的事情，在这种处境下，就非常容易产生报复的念头。对此，你必须注意控制，要培养宽广的胸怀，用宽容的态度去对待流言蜚语，甚至是"以德报怨"。这样，不仅你自己经受了锻炼，而且随着事实的澄清，大多数人也是会正确理解你的。总之，在现实社会中，或者是因为自己的利益受损，或者是因为嫉妒别人，或者仅仅是见不得别人好，想看别人摔跟头、出洋相，又或者是别的原因，有的人的确有喜欢散播流言蜚语的恶习。面对流言蜚语，要坚持以上三个原则，不能被愤怒所操控，也不能畏之如虎，消极避让，只有强大自己的内心才是根本。

俗话说"苍蝇不叮无缝之蛋"，所以，我们在平时生活中，一定要洁身自好，不能给别人留下任何的把柄，也要保护好自己的隐私。让爱搬弄是非之人无处下手，从而让你远离流言蜚语的困扰。如果已经惹上了流言蜚语，我们也要坦然面对，不予理睬，不要作无谓的解释。正所谓"越描越黑"，如果没有有力的证据证明，不解释便是最好的解释了。

凡事都要计较，不累吗？

人这一生，很短暂，也很复杂，每个人都在这有限的时间里经历着无数的交错和变化。如果我们过分计较每一件小事，过多思量每一个可能，那么我们的心灵将永远处于一种紧绷和忧虑之中。生活需要一种更为豁达的态度，一种能够让我们更好地享受生活的方式。

走在人生的旅途中，我们会遇到形形色色的人和事。有时，我们可能会因为别人的一句无心之言或是一个小小的行为而感到不悦。这时，若是我们过分计较，便容易陷入无尽的怨恨与纠缠之中。但是，如果我们对这些琐碎的不快选择不去计较，选择宽容和理解，我们的生活将会变得轻松许多，心情也会更加愉快。

做人要心胸开阔，凡事不要计较，不愉快的事情尽快忘掉，脑子里尽量多留些美好的记忆，这是一种胸怀，更是一种境界。这样做也许不容易，但要努力学着去做。因为量大福大，在人生的路上，只有开阔自己的胸怀，天地才会开阔；只有把自己的心量放大，福才会大。

有些路，走下去会很苦很累，但是不走会后悔。没人心疼，也要坚强；没人鼓掌，也要飞翔。越努力，越幸运。人贵在行动，

只有努力了梦想才能实现。前进不必遗憾，若美好，叫作精彩；若糟糕，叫作经历！好好去爱，去生活，每天的太阳都是新的，别辜负了美好时光。你若盛开，蝴蝶自来；你若精彩，天自安排。人一脆弱便会变得没有安全感，没有安全感就会变得敏感，随之胡思乱想，尤其是碰到自己在乎的，更是如此。所以，你只有让自己变得独立强大，才能获得心安。

当然，不计较并不是放弃原则，而是在坚持原则的基础上，对生活中的一些小波折保持一种平和的态度。人生路上的每一次挫折，每一次失败，都是成长的垫脚石。当我们学会不去过分计较这些挫折，我们就能更快地从失败中站起来，继续前进。

人们常说，想得太多会让人痛苦，这话一点也不假。我们每个人的大脑都是一个思考的机器，它不停地运转，不断地分析和预测。但如果我们无法控制这个机器，就会被无穷无尽的假设和担忧所困扰。当我们过多地思考未来可能发生的事情，我们就失去了享受当下的能力。生活是现实的，是活在当下的，而不是生活在未来的想象之中。

放下过多的计较，减少无谓的思量，我们的心态自然会变得更加积极和乐观。我们会开始关注生活中真正重要的事情，如家人的笑容、朋友的陪伴以及自己的成长与进步。这些才是生活中最值得我们珍惜和投入精力的。

人生是一场漫长的修行，我们在这个过程中不断学习如何与自己和解，如何与他人和谐相处。我们学会了善待自己，不让无谓的计较和过多的思考成为负担。我们也学会了珍惜他人，知道每个人都有自己的生活和难题，互相理解和支持才是维持关系的关键。

计较得与失，快乐人生的禁忌

人生活在这个世界上，其实更多的是一种心态。很多时候，你有什么样的心态，就会有什么样的生活。有得有失，才是人生的本来面目，切忌愤愤不平，我们的生活本就不能处处由人，得失也很难衡量。有些人太过计较一时的得与失，结果被利益所累，烦恼丛生。

然而，当我们学会放下计较，看淡得失的时候，人生就会变得更加宽广和豁达。有时候，我们为了得到某些东西，不得不放弃其他的东西，这是人生的规律，也是我们成长的过程。

每个人都有自己的梦想和追求，但在追求的过程中，我们也要学会权衡利弊，做出适合自己的选择。正如一句古语所说："得之我幸，失之我命"，意味着我们应该珍惜所拥有的，也要接受失去的事实。

曾经有一个年轻人，他对自己的人生充满了期待和憧憬。他渴望去追寻自己的梦想，向世界发出自己的声音。然而，他却发现自己一个人时，总是

感到害怕和无助，一个人奋斗是远远不够实现梦想的，他意识到，他需要有伙伴，有人与他一起前行。

于是，他遇到了一位志同道合的朋友。这个朋友和他一样，有着追求梦想的勇气和决心，他们决定携手并肩，一起面对人生的挑战和困难。在他们的旅途中，他们经历了许多的得与失。有时候，他们会得到一些宝贵的经验和教训，让他们更加成熟和坚强。而有时候，他们也会失去一些东西，让他们感到痛苦和失落。

然而，他们从不愤愤不平，也不计较一时的得与失。他们明白，人生本就是充满了变数和不确定性的，他们懂得放下计较，看淡得失，接受人生的起伏和波折。

正是因为有了彼此的支持和鼓励，他们敢于向世界发出自己的声音。他们不再害怕和犹豫，因为他们知道，有了对方，他们就能够战胜一切困难。他们的勇气和决心加起来，对付这个世界总够了吧！他们相信，只要他们坚持自己的选择和努力，他们就能够创造属于自己的精彩人生。

所以，他们继续前行，不管得到还是失去，他们都坚定地走在自己的道路上。他们知道，人生的真正意义不在于得与失，而在于成长和奋斗的过程。他们明白，生活本就不能处处由人，得失亦难量。他们不再被利益所累，也不再烦恼丛生；他们选择快乐和满足，因为他们懂得珍惜拥有的，也接受失去的事实。

上面的故事告诉我们，只有在面对得与失时，我们才能真正领悟人生的意义。只有学会放下计较，看淡得失，我们才能够拥有一颗宽广和豁达的心。

人生至高的境界是豁达

豁达是一种至高的人生境界，是一种高尚的道德修养，是一种优秀的传统美德。豁达是原谅可容之言、包涵可容之人、饶恕可容之事，时时宽容，事事忍让。只有这样才能让自己达到宠辱不惊的境界，创造安宁的心境。

豁达是一种情操，更是一种修养。只有豁达的人才真正懂得善待自己，善待他人，生活才充满快乐。

有这样一个故事：一个身经百战、出生入死，从未有畏惧之心的老将军，解甲归田后，以收藏古董为乐。一天，他在把玩最心爱的一件古瓶时，差点儿脱手，吓出一身冷汗，他突然有所悟："当年我出生入死，从无畏惧，现在怎么会吓出一身冷汗？"片刻后，他悟通了——因为我迷恋它，才会有忧患得失，如果破除这种迷恋，就没有东西能伤害我了，遂将古瓶掷碎于地。

在日常生活

中，当有人在背后传播你的谣言，或是说你的坏话时，你是想找机会报复他，还是不与他争执，宽容他呢？当你的亲戚或挚友有意无意地做了对不起你的事，你是与他由此绝交，还是通过默默承受来宽容他呢？如果你是一个处事冷静的人，那么你应该选择宽容，这样的选择对自己、对他人都有好处。因为宽容不仅可以使自己从仇恨与烦恼中解放出来，天天都有好心情，还可以让自己的身体因放松而健康，更能让我们在和谐中交际，拥有一个好人缘儿。

有的人一辈子悲悲戚戚、郁郁寡欢：房子不如人家的大——不爽，车子不如人家的好——不快，官职没有人家高——不服……可有的人一辈子痛痛快快、高高兴兴，却也不见得拥有多少财富和权力。什么原因？我认为关键在于心境的豁达。

人成天被名利缠得死死的，得与失算来算去，耍小聪明、使小心眼，小肚鸡肠，哪还有什么快乐可言？人一辈子免不了风风雨雨、沟沟坎坎，受一点委屈、遇一点挫折，就怨声载道、心灰意冷；有一点矛盾，一点冲突，就恩恩怨怨，甚至伺机报复，心里哪还会有阳光？这样的人，注定不会有幸福和快乐。

人活得累，实际上是心累。古人说："功名利禄四道墙，人人翻滚跑得忙；若是你能看得清，一生快乐不嫌长。"如果以豁达淡定之心对待功名利禄，就不会为名所累、为利所诱，就能顶得住诱惑、经受得起考验，自然会少很多烦恼。南非前

总统曼德拉在被关押了 27 年之后出狱。宣誓就任总统的典礼上，他邀请了曾看守过他的三名狱警。这三名狱警并没有友好地对待过他，相反还虐待过他，但曼德拉不计前嫌、豁达大度，因此，他赢得了整个南非人民的尊重和支持。

豁达之人，宽宏大度，胸无芥蒂，吐纳百川。这样的人，最能讲大局、讲谅解、讲友谊、讲信任，能以豁达的态度，从容地对待一切。这样的人不会搞权力之争、利益之争，不会为闲言碎语所左右，不会为误解委屈记小账；有了成绩会想着他人，出现过失会主动承担。因此，这样的人能拥有团结和谐的人际关系。

人生在世，不如意事十有八九。心境豁达，才能做到宠辱不惊，看庭前花开花落；去留无意，望天上云卷云舒。才能得之淡然，失之泰然。这样的人，心大、心宽、有豪气，知道积极开拓人生，也懂得达观、放弃。

豁达是一种人生智慧、一种做人胸怀，是对人生的大彻大悟。豁达的人生境界值得赞赏，拥有豁达心境的人也会生活得最坦荡最快乐。

PART 3

对贪欲翻篇，适可而止最好

做人不要太贪婪

人所以是万物之灵，就在于有理智，凭理智人能自己控制自己；人也会比动物更蠢，那是因为人会丧失理智，自己连自己都控制不了。贪心一旦膨胀，膨胀到难以控制时，不仅会丧失理智，还会丧失人性。

做人不要太贪心，这是一个老话，但却是至理名言。贪心是人的大敌，我们要时刻提醒自己不要贪心，坚持做一个有道德的人。

所谓贪心，就是指人们一心只想着自己的利益，不顾他人感受和社会公义，一味地追求物质和权力的满足。贪婪的人是不知足的，缺乏对于人性和社会缺点的认识，贪婪的人士所追求的也只是表面上的功利和虚荣，而非真正的幸福和内心的满足。贪婪者眼里只有眼前的利益，他们盲目地追求权力和财富，不顾及其他人的生存空间和利益。

　　总是想占别人的便宜，想得到比自己应得的更多的东西，甚至还利用不公平的手段来获得利益。这样的人会逐渐变得个性孤僻，缺乏同情心、公正心和包容心。他们与家庭和朋友也失去了信任和互相宽容的精神，最终落得孤独和危机四伏的结局。

　　贪心的人不仅对自己的健康和精神造成了危害，也会对周围的人和社会造成很大的危害。他们的利益只是针对个人利益而言，从这方面来看，他们是不顾及大众的利益和公正的，只顾自己的利益和权利，甚至不择手段地去牟取利益，这样的人早晚会遭到报应。

　　相反，一个有道德的人要懂得感恩和知足。要学会欣赏身边的人和事物，需要关注自己的行为和言语带给别人的感受，学会分享自己与别人的喜悦和快乐，从而让自己的生活过得更加美好。这样的人不仅会得到别人的尊重和信任，还可能会成为大家所崇拜的优秀人物。

　　因此，做人不要太贪心，我们应该学会做一个有大局观和道德观念的人，要有能力了解别人的情况和需要，懂得关心他人，才有可能实现自身的价值和心灵

的满足。从自己开始，在平凡的生活中体现道德的品质，坚守自己的原则和底线，表达自己的信仰和价值观，一点点地成长和完善自己。

做人不要太贪心，这是一种良好的品质，需要不停地培养，才能真正成为一个明智、有情、敬业的人。无论在哪里、在何时都不要迷信利益的诱惑和贪婪的欲望。人只有在积累到足够的自信、人脉和能力之后，才会感受到生活带给我们的精彩和快乐。

欲望是没有止境的，如果你不放下一些东西，你的身上和心灵一定越来越沉重，快乐就真的离你而去了，因此要学会自我放下、自我解脱，保持一颗平常心。少一点欲望，就会多一些快乐。仔细想一想，即便你左手财富，右手地位，一面是妻子，一面是情人，可是繁华终归会落尽，那时滑过心头的必将是失落与迷惘。

放弃是一种美丽，是一种心灵的豁达，学会放弃是一种智慧。为了达到目标，我们必须学会放弃一些物欲上的诱惑，学会对个人欲望的控制。其实学会放弃并不难，人生的许多东西是多余的，得到你该要的、该有的就够了，剩下的部分，在你心里淡淡地忘掉。

贪婪是一种顽疾，应该这样治

贪婪是一种顽疾，人们极易成为它的奴隶，变得越来越贪婪。人的欲念无止境，当得到一些时，仍指望得到更多。一个贪求厚利、永不知足的人，等于是在愚弄自己。贪婪是一切罪恶之源。贪婪能令人忘却一切，甚至是自己的人格。贪婪能令人丧失理智，作出愚昧不堪的行为。所以，我们真正应当有的态度是：远离贪婪，适可而止，知足者常乐。

贪婪似乎是人的天性，每个人都贪，其实这是说自己的欲望总是得不到满足。欲望就像一条大河，它汹涌澎湃、奔腾不息，不断地驱使着人们去忙碌、追寻。有的人去追求金钱，有的人去追求名利，有的人去追求事业，有的人去追求爱情，有的人去追求长寿。欲望的内容因人而异，因人的不同阶段、不同处境而异。但总是能被满足的欲望太少了，即使满足了现在的欲望，内心马上又会长出新的欲望。

控制好欲望的"度"，不要不切实际地盲目攀比。我们自小可能就被灌输一种理念："王侯将相宁有种乎？""不想当元帅的士兵不是

好士兵"。其实这些话作为励志教育非常好，但作为人生目标则明显太"过"，王侯将相、元帅，世上能有几人？大千世界还是普通人占多数。如果目标定得太高，好高骛远，一旦实现不了，烦恼自然就来了。因而，欲望给人带来了很大的烦恼。

没有欲望，我们便没有付出，没有进步，索取不了该有的回报，但贪婪过于厉害，容易中了别人的圈套与暗箭；没有好奇，我们的生活便一片孤寂，但好奇太深，便难以自拔，苦海无边。贪婪与好奇，都要适可而止，要知道月满则亏、物极必反的道理。

过于执着任何意念、任何行为、任何愿望，都会让贪念在心底不断扩大。而佛法的目的，是通过欲望的止息来达到心的安定。这个止息不是欲望这种心思的停止，或者断绝，而是指欲求在达到平衡后不做妄想，止是妄念的止，息是妄念的息。佛祖说，财富、地位、名利，这些让很多人欲罢不能的东西，其实只是生活的装饰、生活的虚象而已，并不是生活本身。可惜，很多人把生活的重点放错了，忘记了此生的目的，把心思都放在了追求错误的东西上，痛苦自然难免。

贪婪是一种顽疾，人们极易成为它的奴隶，变得越来越贪婪。人的欲念无止境，当得到不少时，仍希望得到更多。一个贪求厚利、永不知足的人，等于是在愚弄自己。贪婪是一切罪恶之源。贪婪能令人忘却一切，甚至自己的人格。贪婪令人丧失理智，做出愚昧不堪的行为。因此，我们真正应当采取的态度是：远离贪婪，适可而止，知足者常乐。

贪是本性，知足可以取代它

贪是人的本性之一，每个人都有贪的欲望。但是，人与人是不同的，有的人可以克制住自己的贪欲，知足常乐；而有的人却贪得无厌，从不知足！

人生中如能知足常乐，可以生活得更加幸福，而贪得无厌必定会自食恶果。在M城，有一个腰缠万贯的富翁，仅仅因为他的股票下跌了一个百分点，便孤注一掷，把全部财产用来买股票，结果输得一贫如洗。当他一无所有时，选择投河自尽结束了自己的生命。他曾经仅用了1万元买了一只股票，转眼间就变成了亿万富翁，可他还不满足，继续买股票。终于有一天，他输了，股票下跌了一个百分点，他本可以收手不干，及时止损，但他却因不甘心，最终反赔上了自己的性命。可以说，是贪欲害了他，他也为自己的贪欲付出了生命的代价！

同样在M城，有一对卖烧饼的夫妇，因为刚卖完烧饼，数了数钱，发现比平常多卖了2元人民币，就高兴得合不拢嘴。他们用这2元钱，多买了

一些烧饼的原料。就这样，过了几年，他们成了M城的烧饼大王，成了百万富翁。可是，尽管他们已经拥有了全国几百家连锁店，却继续卖着他们的烧饼，价格还是5角钱一个，丝毫不多卖一分钱，他们想为大家更好地服务，他们把一些钱捐给慈善组织，他们对着夕阳微微笑着，他们觉得活着十分有意义！

贪婪，是一种深入骨髓的顽疾，人们极易成为它的奴隶，变得越来越贪婪，人的欲念没有止境。当已经得到不少时，就会指望得到更多。一个贪求厚利，永不知足的人，最终等于是在愚弄自己。

贪是一切罪恶之源，能令人忘却世间一切，甚至自己的人格。因此，我们真正应当采取的态度是：远离贪婪，适可而止，知足常乐。

人的一生，要想快乐，首先就是要学会知足，知足常乐，是老一辈人总结出来的道理，做人不计较，不比较，生活才能过得幸福。人活一辈子，要懂得知足，修得一颗宽大的心，比什么都重要，只有心大了，事才会小了，人生总有遗憾，不要总是去埋怨。

人的一生，还需要自己去顿悟，是你的，不用强求，不是你的，强求也得不到，若是自己不去患得患失，就少了很多痛苦和烦恼。若是想要活得幸福，就要拥有一颗知足的心，一颗心若是充满了欲望，就永远也不会真的快乐。知足的日子，才会拥有更多的幸福，心简单了，日子也会越来越好。

物极必反，你意识到了吗？

大家都熟知一个词，那就是"物极必反"，意思就是讲，任何事物发展到了极限都会向相反的方向去发展。这是一种思想，也是一种意念。物极必反的思想是老子最先提出来的。他认为福可为祸，正可为奇，善可为妖，事物发展到极限就会向相反方面转化。物极必反揭示的是事物的发展规律，物极必反的"反"其实也不完全是指实际好处上的相反，而是讲事物发展层面的超越。

有的人认为事物当然是越完美越好，可是事实却并非如此。在有些事情上面，并不是你做得越好，才会得到的回报越高。人的努力要有方向，做起事情要有正确的方法，懂得巧妙运用这两点的人，才会成为人生的赢家。

而且做人的时候，一定要记住这4个"物极必反"，不要被自己一些时候的小聪明，耽误了自己一辈子的前途。

1. 在成功的人身边太过于吹嘘，只会引起别人的反感。

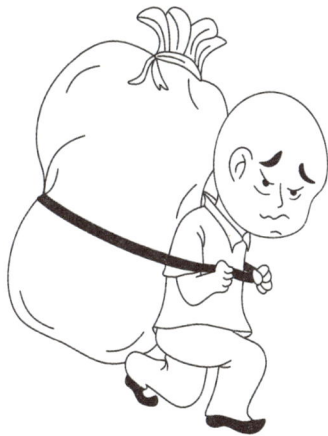

有的人就是喜欢耍一些小聪明，认为凡事都有所谓的捷径，只要找到了这条捷径，就可以比别人省很多力气到达成功的顶端。但是在很多人的论证之下，早就发现了，世上根本就没有所谓的捷径。特别是有的人为了自己也同样成功，非常喜欢在一些成功的人身边做一些太过于献媚的举动。以为这样就能得到对方的提携，最后换来的却是别人的反感。

2. 对一些事情太过于算计与计较，反而就越容易失去。

有一句俗话这样说："一个事情的计划，永远都赶不上他的变化。"可想而知所有的事情都不是完美的，你也不可能预料到事情的发展过程中，会产生的所有意外。如果一个人对于一些事情，太过于算计与计较的话，反而就越容易失去。

因为这样的人把所有的精力，用在了投机取巧上面，忽视了自己的努力，这样的情况下怎么会成功？

3. 有的时候过分的善良，反而是这个人善恶不分。

都说这个世上需要善良的人，

因为善良的人可以给别人带来帮助。但是一个人的善良也需要有底线的，如果你选择做一个善恶不分的滥好人的话，最后的结果可能是助纣为虐。

一个人想要表达自己的善良或者帮助他人的时候，一定要分得清善恶与美丑，对于那些虽然可怜却是可恨的人，一定要收好自己的同情心。

4. 爱一个人虽然是生活的一部分，但是不要爱得失去自我。

爱一个人很重要，因为学会了爱的人才会得到幸福。可是在爱一个人的同时，你要得保留自己的底线，而不是爱得失去了所有的自我。因为这样的爱情毫无尊严，也换不回对方对你的尊重，最后的结果可能就是因爱生恨，因情结仇。

把所有的事情做到最好，虽然值得提倡，但是也要记住凡事莫强求。因为在有些事情上，就算你强求来了，他最后也不一定会属于你。

凡事都留有余地，话不可说尽，事不能做绝，退一步想，必有余乐。好花看在半开，

浮生看破半世。在理想和现实、天堂和尘世，这些令人感到矛盾、迷茫，有渴望又很困惑之间，找到一条最为实际、恰当、平衡的人生之路，必须学会减少对虚无目标无法实现的痛苦，从而得到快乐的享受。

要认识到物极必反的道理，才能使自己的生活更好的贴近现实，真正和眼前的生活到达某种默契，求得最佳的生活方式，也许这正是现代人最可取的生存智慧。

贪婪的结果——竹篮打水一场空

在人生这场旅途中，我们难免不会迷失自己。人们往往可以欺骗得了别人，但欺骗不了自己，其实人这一生，和自己相处最多，打交道最多，但是往往最不了解的恰恰是自己。

我们活在这个尘世间，有太多的诱惑令我们不由自主，有时候，为了欲望，我们会不顾一切，不惜牺牲自己的金钱、名誉，甚至是生命，最后的结果往往"适得其反"，我们得到更多的是人生的烦恼。

欲望，是驱使一个人寻找幸福快乐的动力；过度的欲望，就是一种心灵的扭曲，是人生的堕落与灾难。人心不足蛇吞象，毁掉一个人的往往是这三个字："太贪婪"。

我们都说知足常乐，知足常乐就是任何事都不过度，不贪婪，能够做到知足常乐，是一种真正的内心修养，一个知足常乐的人是真正的智者和有福气的人，只是有多少人能做到知足常乐？谁不是想钱越多越好，官越大越好，人心是一个无底洞：欲壑难填，"太贪婪"会毁掉我们，给我们的人生带来更多的烦恼。

人活着，无非就是"财色名食睡"，但在这五个五方面太贪婪，就会给你的人生带来毁灭性的打击。

人为财死，鸟为食亡。在所有的欲望中，贪财是毁掉一个人的"罪魁祸首"。"见钱眼开""见财起意"，古今中外，人人亦然，钱不是万能的，没有钱却万万不能，钱财是我们生活的必需，也是我们痛苦的根源。

"君子爱财，取之有道"。每个人有一份工作，能挣到一份钱。但这世界上，有多少人对自己的工资，对自己挣到的钱满意？为了多挣钱，有的人就会加班加点，甚至不吃不睡，熬夜通宵，这就是"太贪婪"，如果不知节制，结果就是过度消耗了自己的精力体力，损害了自己的健康。

有的人，为了钱不择手段，葬送了自己大好的人生前程。每一年有多少"落马"的高官大员，无不是因为"太贪婪"，贪国家的、贪个人的，贪到用不了、花不完，藏在地下、藏在水中、藏在墙壁中，贪到用车拉、用验钞机都清点不明白，"太贪婪"的结果就是身败名裂，最后落了个"一无所有"。

在一个嘈杂的环境中，有的人能够静下心来工作，而有些人却一直静不下来，这又是什么原因呢。俗话说：心静自然凉，他也是有道理的，心火旺盛的人身体上也会由之变得燥热。

只有心静才能专注。乱花渐欲迷人眼，看似一个个很好的机会，实则无数的选择放大了人们的贪婪，结果无数的人竹篮打水一场空。"吃着碗里的看着锅里的"人性本就贪婪，如果此时你不把心静下来，最后只能是竹篮打水。

PART 4

对烦恼翻篇，把烦恼都关在门外

烦恼的根本在于想不开

当面对困境时，我们常因过于执着而看不到希望。智者提醒我们，烦恼只是掩盖了内心的美好和力量。每次挫折都是成长的契机，让我们在逆境中发现机遇。当我们站在高峰回望，曾经的烦恼变得微不足道。让我们学会"想开"，从每个烦恼中找寻内心的宁静与力量，以豁达的心态面对人生起伏。

人之所以活得烦恼，是因为放不下、想不开、看不透、还忘不了。也许，在繁杂嚣喧的多年后，我们现在所要的、所放不下的，不管多大的事都将是过眼云烟，就像久置于深林中的落叶，被分解、归零、重生。

很多时候，限制我们的不是环境，也不是他人的言行，因为嘴巴是别人的，人生才是自己的，过自己的生活，何必那么在意别人的看法呢？看不开，忘不了，放不下，把自己囚禁在

过去灰暗的记忆里，不敢想、不自信、不行动，把自己局限在固定的空间里封闭起来，是最不可取的。

如果不能打破心的禁锢，放出被封闭的自我，即使给你整个天空，你也找不到自由的感觉，释放自己，相信自己的能力，坚持自己选择的道路，你的未来才能光芒万丈。人之所以会痛苦，就是追求得太多，人之所以不快乐，就是计较得太多，人之所以活得烦恼，就是想得太多，这放不下，那想不开，还忘不了。

当你看透了，人生也就非常简单，生活开心简单就好，做人要学会一笑而过。面对失败，一笑而过是种乐观；面对仇恨，一笑而过是种宽容；面对赞扬，一笑而过是种谦虚；面对烦恼，一笑而过是种坦然，做人不要太成熟，太成熟的人，烦恼就多了，欢乐就少了，活得就累了。回想那些我们曾经念念不忘，思念时痛彻心扉的人，你曾以为那会是一生的不忘，一世的不舍，可其实数年之后，那不过只是一个名字。你怀念的、放不下的，只是那段时光里的自己，只是那段相处时的感觉，请别在这里自欺欺人了。

原来让我放不下的并不是谁，而是曾经的自己，但时间证明，没有什么可以永存，最终都将归于尘土。人为什么活着？作家余华说人为活着而活着，人生八苦：生，老，病，死，爱别离，恨长久，求不得，放不下。佛曰：看破，放下，自在，然而芸芸众生做到者几何？还是那句话"我们终究放不下心中执念"。

心计未几，想得未几，遇忧不愁，遇烦不恼，纵有天大的事，该吃的吃，该喝的喝，该干嘛就干嘛，简单的生活才能获得幸福，人要知足常乐，宽容大度，什么事情都不能想繁杂，把复杂的问题简单化，你就是专家，而把简单的问题复杂化，有可能要了你的命，心灵的负荷重了，就会怨天尤人，要定期地对记忆进行删除，学会放下，把不愉快的事从记忆中摈弃。

人生苦短，财富地位都是暂时的，人走茶凉，生不带来死不带去，记住该记住的，忘记该忘记的，改变能改变的，接受不能接受的，生活就是这么简单，敢于放下，想得开，看得透，忘得了，更懂得人生的断舍离。

所以，让我们学会"想开"，不仅不为琐事困扰，反而能在每一个烦恼中，寻找到内心的宁静与力量。因为只有在接受并理解烦恼的真谛后，我们才能真正拥有一颗豁达的心，面对人生的起伏和风浪。

放不下，你就会一直烦恼

因为牵挂太多，心里才纠结，因为放不下，所以才会有那么多的苦恼。

人的心胸，可以宽广无垠，也有小度狭隘。当一个人自寻烦恼，烦恼就会源源不断地涌来，挡也挡不住。当你放下心中的郁结，欢乐也会蹦蹦跳跳地来了。生活，总不会随着人的心愿一帆风顺，时不时地，会给人开出一道道难题，令你心中不快。

人的烦恼，常常被总结为12个字：放不下，想不开，看不透，忘不了。这十二个字涵盖了我们人生中遇到的各种困扰和痛苦，而这种痛苦往往源于我们对生活、对自己、对他人、对世界的理解和态度。然而，生活并非只有痛苦，它也充满了快乐和幸福。如果我们能以简单的心情看待复杂的人生，以开怀的态度走过坎坷的路，那么我们就能感受到生活的快乐，体验到生命的真谛。

我们要学会放下对物质的欲望，放下对名利的追求，放下对得失的执着，这样才能漫步在内心的平静之中，找到真正的快乐。放下包袱，让心灵得以轻盈，去追逐梦想的脚步。

我们要学会想开，换个角度看待问题，从不同的维度寻找解决问题的方法。只有这样，我们才能看到问

题的本质，看清问题的解决方法。如同清澈的溪流，倒映着天空的蔚蓝，让我们看到世界的广阔与深邃。

我们要学会看透，深入了解事物的内在含义，洞察世界的美好。只有这样，我们才能看到事物的真相，看到世界的真谛。如同明镜般的湖水，清晰地映照出世界的色彩，让我们领略大千世界的无尽奇妙。

我们要学会忘记过去的痛苦和烦恼，放下对过去的回忆和留恋。只有这样，我们才能迎接未来的美好和希望，才能迎接未来的挑战和机遇。这就是人生的意义，这就是我们活着的价值。如同凤凰涅槃，在火焰中重生，我们在不断的成长与超越中实现自我。

放得下是一种智慧，是一种解脱。当我们放下那些不必要的负担，放下那些束缚我们的枷锁，我们就能轻松自在地前行。我们会发现，原来人生可以如此美好，如此自由。我们会拥有更多的精力和时间，去追求我们真正的梦想和目标。

想得开是一种豁达，是一种宽容。当我们不再为一些琐碎的事情烦恼，不再为一些不重要的人和事纠结，我们就能以一种更宽广的视角去看待世界。我们会发现，原来世界是如此丰富多彩，如此充满希望。我们会拥有更多的快乐和满足，去拥抱我们的人生。

被烦恼包裹的人，总是步履沉沉，头顶着乌云，觉得世界处处是不美好，是各种不善意，时日一长，心里也会总是愤愤不平，抱怨不停。学会看淡生活中的得失，珍惜身边所拥有的简单快乐和健康，用自己的努力奋斗来换取理想中的幸福。试着放下那些已经远去了的人和事，在人生的任何阶段，自己都拥有重新开始的权利和勇气，去重新追逐星辰大海。

勿用烦恼面对一切

人生有快乐，也有烦恼，有一帆风顺的时候，也有不顺心的时候。放飞自己的心情，多一份平和，多一点温暖，放下所有烦恼，人生淡然一笑的也很美。

有些事情，在过去后才发现，其实没什么大不了。人活着，没必要凡事都争个明白，水至清则无鱼，人至清则无朋。

如果我们介入得太多社会的繁杂，便会以自己为凝结核而吸引到更多的人间烦扰和困惑。我们也会在岁月的流逝中，让自己的时间和生活更加支离破碎。毕竟吸引法则的强大，是我们无力去阻挡和改变的。而如若我们能够凝结更多的人间美好和幸福，那么自然也会让自己越过越快乐的。美好其实就在我们身边，只要我们稍微用点心，就能把一切的完美写进自己的生活里了。

只是一切的美好呈现，除了要依靠自己的不断努力外，还需要在对的方向上集中精力。这样的一份坚持和毅力考验，需要我们对于所做的事情，有足够的了解还有坦诚的热爱。我们也应让自己行走在既定的人生轨道中，深邃着生命的内涵和本真意义。让实践和认知相伴同行，这样我们才能够倍感生命的

厚重，进而让自己前行得更有动力和信心。

生命里的每一程，如果我们太过于分心，必然会让自己精力涣散。在那样的一种疲乏状态下，很多事情是无力规划和支撑起来的。每个人都会有困倦和厌烦的人生体验，我们也都会在那种体验中感觉到力不从心。那么试想一下如若我们的生命全程都沉浸在沉重的人生状态里，还会有什么精力来好好经营自己的人生呢。

学习着精简自己的生活，让自己能够有机会把一件事情做到真正的极致。我们也当在这样的岁月里填充自己，集中精力做好一件事情。真正的运筹帷幄往往是我们专注在一件事情的探究中，在这个探究的基础上，无限拓展自己的人生认知和生命广度。如若我们找到不生活里的凝结核，就会让自己的生活陷入凌乱。在没有抓手的日子里，我们的付出也就不能集结成强大的能量支撑，来完美自己的人生。

所以择一事有始有终，我们便可以让人生有着最卓越的呈现和经历。当自我的能量全部集中到一点的时候，无坚不摧的神奇也会在自己的生命历程里兑现。相信坚持的力量，终有一天会水滴石穿。当我们在平常的岁月里不断累积前行，感受到那份自我

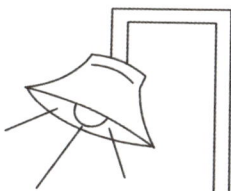

的渗透和穿透力时，会格外地兴奋和幸福。

唯愿我们都能够抛开一切的不如意，让生活里的烦恼自动远离和淡出我们的世界。带着自我的美好憧憬和梦想，携手自己的幸福旅程。让我们的生命在有限的时光里，能够因为自己的足够珍视和巧妙运用而更具光彩和荣耀。靠着自我坚持不懈的努力，还有足够坚定的人生信念，跨越一切阻隔，走向自我人生的巅峰。

不为小事而烦恼

虽然说"人生不如意事十之八九"，但是我们的生命是有限的，让有限的生命沦丧于无限的忧虑与烦恼之中，何苦而为呢？再者，真正胸有大局的人是不会拘泥于细枝末节的烦恼的，就像懂得欣赏和田玉的人不会因其细微瑕疵而错失美玉，喜获良木的人也不会为它身上的小虫孔而感到快快不乐。所以，千万不要因为一些不值当的小事情而烦恼。

不以得喜不以失悲，我们都在不断的得到一些东西，同时也在不断的失去一些东西。当我们得到时不要过于欣喜，失去时也不要过于沮丧。今天再大的事，到了明天就是小事；今年再大的事，到了明年就是故事。凡事开心点，反正最后谁也不能活着离开这个世界。

人的一生，好不好只有自己知道，乐不乐只有自

己明白。快乐是一种心情，一种自然、积极向上的心态。努力也许不等于成功，可是那段追逐梦想的努力，会让你找到一个更好的自己，一个默默努力充实安静的自己。

在人生的道路上我们总会遇到很多自己无法掌控的人或事，但我们要学会坦然去面对，遇到好事可以和身边的人热情拥抱，适当的抒发自己的开心；碰到不开心的事也不要过于计较，让它随风流逝。

生活中，每个人都会遇到一些看似琐碎的小事。这些小事可能是与他人交往中的不愉快，也可能是工作中的小问题，甚至是一些微不足道的烦恼。然而，如果我们因为这些小事而烦躁不堪，那么最终只会让自己心情沉重，无法享受生活。

学会不因小事而大动情，是一种情绪管理的重要技巧。我们可以学会淡定处理这些小问题，不让它们影响自己的整体心情。不要让微不足道的事困扰削弱自己的意志，因为生活中真正的挑战远不止这些。然而，生活中也会遇到更大的挑战和困难。这些问题可能包括职业上的困难，个人生活中的失落，甚至是健康问题。当这些困难出现时，我们不能一蹶不振，因为困难是成长的机会。

人生在世，免不了有一些磕磕碰碰，免不了遇到一些艰难险阻，也免不了为了生活的一些琐事而担忧或者抱怨，或多或少，或大或小，毕竟没有人能一帆风顺就到达成功的彼岸。有

时候你可能想要放弃，但若是真的放弃了，之后又可能会后悔，埋怨自己当初为什么没有再多坚持一下，也许坚持下来就离成功不远了。

就算前方有再大的坎坷又能怎么样呢，拿出你的勇气，坚定你的信念，咬咬牙总会过去。就算留下伤痕，当你终于克服了之后，回头看的时候可能就会想，这些又算什么呢。这时回看来时的路，回看曾经的自己，笑笑对他说"谢谢你曾经的坚持和努力，才有了今天的我"。

当你在为了生活的琐事抱怨的时候，殊不知这些给了抱怨的时间其实都没有太大的意义。总之说到底，都是一些小事，与其不愉快的抱怨不如用这个时间来规划未来。也许你可以尝试着每天呐喊二十一遍"我用不为这一点小事而烦恼"，你会发现，你心里有一种不可思议的力量，试试看，很管用的。

善于遗忘，就是人生

在人生的旅途中，有太多的成与败、得与失、恩与怨、是与非，若都牢记在心中，任凭那些伤心事、烦恼事浮现在眼前，萦绕在脑际，纠结在心间，就等于给自己套上了沉重的枷锁，背上了不可卸载的包袱，就会活得很累、很苦！

所以，我们必须学会遗忘，善于遗忘，把不该记忆的一切统统遗忘，让所有的轻松、快乐、幸福和美好永驻心房。学会遗忘、善于遗忘，真的是生活中的一门大学问，是人生的大智慧。它虽然不是一般人能轻易做到的，但我们必须用心学会，努力做到。

有这样一个故事：

小和尚跟着老和尚下山化缘，走到河边时，他们看见一个姑娘正望着河水，发愁没法过河。

老和尚双手合十，对姑娘说："我把你背过去吧。"于是，姑娘就趴在老和尚背上，到了河对岸。放下姑娘后，老和尚和小和尚继续赶路。

舍 得

小和尚看着老和尚，一肚子的疑问却不敢问。又走了一段时间，小和尚实在忍不住了，就问老和尚："师父啊，我们是出家人，你怎么能背一个姑娘过河呢？"老和尚看了一眼小和尚，淡淡地说："我

把她背过河就放下了，你怎么还没有放下呢？"

卸下生命中所有的重负，让流水托起一个轻盈自在的梦。凡事该忘则忘，别总记在心里。如果人人都懂得这一点，那人生自然也少了很多烦恼。

遗忘是我们日常生活中一件很常见也很重要的事情。生活中不可能事事顺利，所以每个人都会遇到紧张、挫折甚至失败，从而逐渐形成情绪。如果总是处理不好的情绪，必然会给人的生活带来负面影响。

为了提高我们的生活质量，调整和舒缓我们的精神状态，我们必须学会遗忘。心理学家柏格森说："大脑的作用不仅是帮助我们记忆，也帮助我们遗忘。"其目的是提醒人们不断清理和调整自己不健康的情绪。

我们说一个聪明的人不会被自己的情绪所困扰，他通常能够抛开自己恼人的过去，让快乐的心情一直陪伴着他。事实上，只有这样，人们才能有强大的精神和体力去学习，生活和工作。从这个意义上说，遗忘是人生的一种智慧。

古人云："慎而不读，慎而忘之。"如果我们能永远记住好的，忘记丑陋的，世界会变得更美好。背负着过去的痛苦，夹杂着现实的烦恼，对人的心灵无益，反而会导致对生活的厌倦和悲观情绪。反而，超越遗忘不也是一种幸福吗？不也是一个明智的选择吗？这不是让人逃避，而是让人拿起遗忘这把刀，割掉生命的阑尾，在忘记中进步，在努力中进步。

学会遗忘，在某种程度上，是一种值得我们敬佩的境界；学会遗忘，你就勇敢了，快乐了，幸福了。

忘却烦恼，享受精彩生活

现代社会的生活节奏越来越快，人们的压力也越来越大，繁重的工作、家庭的琐事、人际关系的纷争等等，都给我们带来了巨大的烦恼。人生苦旅，忧愁与烦恼无处不在，然而我们每个人都有选择快乐的权利。

放下烦恼，意味着要拥有一颗平和淡定的心态。在面对压力和烦恼时，不要过于焦虑和纠结，而是要冷静分析，从容应对。

同时，我们也可以适当地转移注意力，去做一些自己喜欢的事情，或者跟朋友聚一聚，让自己在放松中得到一些解脱。而享受每一天的快乐，则需要我们对生活有积极的态度。即使我们的生活中有很多困难和挑战，但我们仍然可以从中找到快乐和美好。

生活中的琐事常常会让我们疲惫不堪，但我们应该时刻记住两条生活准则：不要为芝麻小事耗费力气，且大部分事情都是小事。最近的我一直处于情绪低落的状态，每天加班使我体力透支，回到家后情绪更是失控。当看到

这段话时，就觉得自己该如何保持快乐，并将烦恼与痛苦抛之脑后。

首先，别为芝麻小事耗费力气。每个人都有自己的琐碎问题和烦恼，在面对这些小事时，我们往往容易陷入消极情绪之中。如果我们能够换个角度来看待这些问题，就能减少无谓的烦恼。生活中的琐碎小事并不值得我们过多关注和投入，而是应该学会放下来，专注于更重要的事情。当我们不再因这些芝麻小事而劳累时，内心自然会感到轻松愉悦。

其次，大部分事情都是小事。人们常常把许多事情看得过于重要，从而导致自己的烦恼和困扰。我们应该明白，生活中真正重要的事情是相对较少的。大部分事情都只是暂时的麻烦，不值得我们花费过多精力去纠结。如果我们能够将焦点放在那些真正重要的事情上，会发现拥有更多时间和精力来追求快乐和幸福。

面对繁忙的工作和生活压力，我们往往容易失去平衡和快乐。但我们必须意识到，只有放下烦恼，才能拥抱快乐的生活。当工作累时，我们可以适当调整自己的工作方式，合理安排时间，享受生活中的小片刻。比如，在工作间隙休息时欣赏一首喜爱的音乐，或者约上朋友一起共进晚餐放松心情，这些小小的快乐都能帮助我们缓解压力。

此外，关注自己内心的感受也是保持快乐的重要途径。当我们心情不好时，不妨停下来反思自己内心的需求和情绪，寻

找解决办法。或许我们需要一个人静静地待一会儿，或者找个管道来宣泄情绪，比如写日记、做运动或是与好友倾诉。通过关注自己的感受来寻找解决办法，我们可以更好地应对生活中的烦恼，并保持快乐的心态。

总之，生活中的琐事和烦恼只是暂时的，不值得我们一直纠结和耗费大量精力。放下烦恼，把焦点放在真正重要的事情上才能带来快乐和幸福。在面对压力和挑战时，我们可以适当调整自己的心态和行为，寻求平衡和放松。通过关注自己的内心感受，并积极寻找解决办法，我们可以摆脱烦恼的困扰，拥抱快乐的生活。

只有当我们牢记这两条生活准则，并付诸行动时，我们才能真正在日常生活中感受到快乐与幸福。让我们摒弃烦恼，拥抱快乐吧！

PART 5

翻篇之后，走自己的路

用自己的方式来主宰生活

生活中的每一个人都应该学会主宰自己的生活，不要自怜、不要自卑、不要怨叹。只有这样，我们才能真正拥有幸福和成功的人生。杨绛先生曾说过："我们曾如此渴望命运的波澜，到最后才发现，人生最曼妙的风景，竟是内心的淡定与从容；我们曾如此期盼外界的认可，到最后才知道，世界是自己的，和他人毫无关系。"每个人终其一生，最重要的是学会与自己相处。

因为在这个世界上，除了你自己，没有人能够陪你一辈子。只要内心强大，学会取悦自己，做自己人

生的主人，就一定会活得乐观潇洒，舒坦自在。

我们生活中会遇到各种各样的困难和挑战，有时候我们会感到自己很无助，很无奈。但是，我们不能因此而自怜自卑，也不能抱怨命运的不公。相反，我们应该学会主宰自己的生活，积极地面对生活中的各种挑战。

哲学家尼采曾说过："我们的命运不是由别人决定的，而是由我们自己决定的。"这句话激励我们，我们应该学会主宰自己的生活，不要被外界的因素所左右。

我们也可以从身边的例子中看到主宰自己的生活的重要性。比如，有些人在生活中遇到挫折和困难时，会选择自怜自卑，抱怨命运的不公。然而，另外一些人则能够积极地面对生活中的各种挑战，主宰自己的生活，最终取得了成功。

生活是复杂的，每个人都是社会中的一个分子。大家行走在熙熙攘攘的人群中，相互之间难免小有摩擦，磕磕绊绊。你观察观察我，我审视审视你，总会有不顺眼不顺心的地方。特别是生活交集过多的人，哪怕你每天的饮食起居，都可能招来他人的看不惯。尽管你碍不着他人，你的言行举止，和一些人扯不上任何关系，也会招来别人的议论，甚至流言蜚语。谁的生活是在真空中呢？你太认真了，天天都是坏心情，生活还有乐趣吗？更不必做任何事了。社会就是这样，谁人背后无人说，哪个人前不说人？穿行于人群中，生活在社会上，不可能摆脱

与他人之间的联系，也不可能和所有人都步调一致，相互之间产生分歧矛盾或遭到别人的非议都是正常现象。不要被这些束缚了手脚，你是活给自己看的，不必把他人的看法留在心上，用他人的标准禁锢自己的行动和生活。

在生命的旅途中，每个人都有自己的路要走，我们没必要活给他人看，要敢于遵照自己的意愿，选择自己喜欢的生活方式，追求自己的人生目标，不被他人的意志所左右，不让他人的评判成为你前进的障碍，成就梦想的绊脚石。自我强大，锐意进取，相信靓丽的风景就在前方，你一定会遇见出类拔萃的自己。

制定自己的生活原则

人来到这个世界上，为了谋生，为了生活，有很多事情要做，人们成天的忙碌着，忙这又忙那。有人说活着很苦，有人说活着很累，不管人活着是苦还是累，都要坚定而勇敢地活着，活出快乐，活出自我来。

这几年很流行一种生活方式，叫极简。极简是一种自我意识的苏醒，也是人生的理想状态。通过删繁就简，获得简单纯粹的生活方式，让自己的人生变得更高效，更有价值。

你每天早上起床都要对接踵而来各种事情做出反应或者抉择，穿什么衣服，吃什么饭，甚至今天需要处理什么重大事情？更重要的是，针对那些对你影响重大的、突发的事项，能将积累的经验总结成原则的话，那么下一次遇到类似的问题，就能快速且正确应对。

反之，如果没有总结成原则的话，你就只能针对每个孤立的事件作出反应，而且每次遇到这种事情，就像第一次遇到，这样处理起来非常麻烦而且容易出错。

成功人士有 5 条极简生活法则，学会可让生活更顺。关注内心，保持积极态度，与快乐人交往，感恩和培养兴趣爱好，实践总结都可以提高幸福感。同时减少社交媒体使用、保持

适度运动和良好睡眠也是较为有效的方法。

电影《教父》里有句著名的台词说：花半秒钟就能看透事物本质的人，和花一辈子也看不透事物本质的人，注定是截然不同的命运。而这所谓的"看透本质"，就是事物的底层逻辑。底层逻辑是一种解决问题的思维模式，底层逻辑越坚固，我们解决问题的能力就越强。

在当今这样的时代中，什么才是最重要的呢？很显然不再是知识，也不是别人替你总结好的经验。而是："探寻万变中的不变，持续看清事物的本质。"真正拉开人与人之间差距的，往往就是对底层逻辑的认知力。

让自己变幸福的五条极简生活法则，学会了，生活就会越来越顺。在当今这个快节奏、高压力的社会里，我们经常会感到不幸福，不知道该如何面对生活的种种困难和挑战。但是，通过一些简单的生活法则，我们可以让自己变得更加幸福，让生活更加顺利。下面就是五条极简生活法则，学会了，你的生活就会越来越顺。

第一条：关注自己的内心

我们经常会忽略自己的内心感受，不去关注自己的需求和情感。但是，关注自己的内心是让自己变得更加幸福的关键。我们应该时刻问自己：我现在感觉怎么样？我有什么感受？我需要什么？通过关注自己的内心，我们可以更好地了解自己，找到自己的需求和情感，从而更好地满足它们。

第二条：保持积极的态度

积极的态度可以让我们更加乐观、自信和坚强，让我们在面对困难和挑战时更加有勇气和信心。保持积极的态度并不容易，但可

以通过一些方法来实现，比如：每天早上起来后对自己说一句鼓励的话；在日记本上记录自己的进步和成就；在遇到困难时找到积极的解决方案等等。

第三条：多与快乐的人在一起

快乐的人可以给我们带来积极的能量和情绪，让我们感到更加轻松和愉快。因此，我们应该多与快乐的人在一起，让他们的快乐感染我们，让我们变得更加快乐。同时，我们也可以从他们身上学到一些积极的生活态度和方法。

第四条：学会感恩

感恩可以让我们更加珍惜眼前的一切，让我们感到更加幸福和满足。我们应该学会感恩，感谢身边的人和事，感谢大自然给予的一切。同时，我们也应该将感恩带入到日常生活中，比如：在吃饭时感谢食物带给我们的营养和美味；在睡觉时感谢床铺带给我们的舒适和温暖等等。

第五条：培养自己的兴趣爱好

兴趣爱好可以让我们更加充实、有意义地生活，让我们感到更加快乐和满足。因此，我们应该培养自己的兴趣爱好，比如：看书、听音乐、画画、做运动等等。通过兴趣爱好，我们可以找到自己喜欢的事情，让自己的生活变得更加丰富多彩。

以上就是五条极简生活法则，学会了可以让你的生活更加顺利。当然，这些法则并不是一蹴而就的，需要我们在日常生活中不断地实践和总结。同时，我们也要知道，幸福不是一蹴而就的，需要我们去努力追求。只有在不断地追求中，我们才能找到属于自己的幸福之路。

不要被心灵的枷锁所奴役

人最美的不是肉体，而是心灵。世间最宽阔的不是海洋，也不是天空，而是人的心灵。心灵无色无味无形，却能包容一切——天地万物，都在心里。生活中有不少人，无中生有，给自己的心灵上了一把心灵的枷锁。心灵的枷锁，一旦铐上了内心，就会让内心变得无比的沉重。

心灵枷锁是一种束缚和限制，它源于我们自身的观念、信仰、经历和环境。这些枷锁可能源于我们的成长背景、社会压力、自我怀疑等，它们束缚我们的思想、行为和情感，使我们无法自由地发展和成长。比如，一个孩子在成长过程

中，由于父母的严格管教，形成了深深的自卑感，这种自卑感就是一种心灵枷锁。

在生活中，心灵枷锁的表现形式多种多样。就拿上述的自卑感为例，一个人如果被自卑感所束缚，就很难在社交、工作和感情中取得进展。而"你的离开无留痕"则是一种解脱，一种告诉自己"我可以做得更好"的勇气。只有放下过去的束缚，才能追求未来的成长。

人生就是一场修行，修的是自己的心。修行，就是扩大自己的心量。心量越大，自己的舞台就越大，能容纳的东西就越多。当你的心量大得远远超过了高山，高山就相对地变小，渐渐小如一粒尘埃。当心量大得远远超过了大海，大海就如一滴水。当心量大如虚空，无边无际，宇宙就如一朵浮云，如一朵莲花，如一粒微尘，最终渐渐消失了影踪。日月星辰、大海、高山，更是无处可寻。那一直困扰你的风雨、尘埃，顿时都化成了光芒，世界已一片光明，一片宁静。

世上的东西都是有形的，唯有心灵无形。无形的东西是不会受伤的，我们向天空扔东西，受伤的是我们自己，而不是天空。为什么我们会受伤，经常伤痕累累，甚至千疮百孔？因为我们迷失了。我们把无形的空如虚空的心，当成有形的心了。我们为自己的欲望所迷，欲望如尘埃、如污垢，沾满了明镜似的心，让她渐渐晦暗，渐渐失去了无形的灵性。我们看人，待物，都

带着自己的感情色彩，犹如带着有色眼镜看东西，任何东西都是眼睛的颜色。其实，这就是幻象。这些带着主观色彩的幻象，都不是真实的。真相，是客观存在的，并不是我们所见、所闻、所思、所想，所感的那样。

心灵，纯净无染，本来就是透明的，她就是自由之王。欲望是什么？就是束缚我们的绳索，禁锢我们的枷锁，把我们牵引着、捆绑着。我们随着他，追着他，陶醉着，快乐着，幸福着，渐渐深陷其中，渐渐被麻醉了，渐渐无法摆脱，最终彻底失去了自由，最终把我们变成了它的奴隶。当我们发现时，已经是痛苦深渊，不堪其累，无法自拔。欲望越大，越难满足，人活得也就越累。犹如瘾品，时间越久，所需的量越大，想得到同样的快乐，只有加量。最终结果是什么？毒发身亡。

能让我们快乐，幸福的，不是无穷无尽地逐步升级的欲望，而是一颗纯净无尘的真心。我们认为只要满足不断增长的欲望，就能得到自己想要的快乐和幸福，其实是一个彻头彻尾的错觉。只有减少欲望，降低期待，去掉杂念，去除控制我们的枷锁与绳索，才是唯一获得幸福与快乐的办法。做心灵的自由之王，不做欲望的奴隶。解放自性，释放心灵，让她飞翔。

为了迎合别人而活，那不是你

在这个充满竞争和压力的社会中，我们常常会为了取悦他人而改变自己。我们追求别人的认可和赞许，希望成为他们眼中的完美形象。然而，当我们不断地迎合他人的期待，却忽略了自己的真实需求和价值时，我们可能会迷失自己，甚至失去自己。

无论你现在在什么年龄段，要记住，这一生你是为了自己而活，不是为了迎合他人，满足他人的。谁都不能在这个世上可以活得天长地久，如果这一生不能按照自己的意愿而活，那就真的是非常可悲了，你是否想过这样的事情呢？

也许有的人会说现实生活中根本就不是这样的，很多事情都是身不由己，没有所谓的你情我愿，许多事情都是被逼迫的。但是无论是怎么样的结局，要知道自己不是为了迎合他人而活着的。

每个人都有自己的尊严，都有自己做事的原则，如果没有正确的理由就不要答应他人的要求。

回到现实生活中讨论这个话题，并不是

说与所有人对着干，我行我素。有人说你不是说为自己而活，不去迎合他人的要求吗？为自己，不迎合，并不是一概而论的，相信在生活中有很多人都遇到过这样的事情吧，工作中的一些人或事让你感觉到恶心，生活中总是会有人欺压着你，如果长期没有自己的想法，委曲求全的过活着，最后你会失去所有的尊严，因为欺负弱小就是那些人的专长。

"这一生为自己而活"这句话听上去是不是有种非常自私的感觉？只为自己不顾他人，没有一点感情的味道，仿佛觉得这种人一辈子都不会有朋友的。其实不能这样理解的。"为自己而活"是为了自己的意愿而活着，可不是只顾自己不顾他人，相反的有些人总是为他人着想，奉献自己的一生，更有甚者献出自己的生命，这样的例子比比皆是，不用说相信都知道。

不要总是迎合他人，应该让自己活得有尊严，有原则，讨好别人只能够让自己变得更加一文不值，时间一久没有人会尊重你，也没有人会在乎你，会把你所做的一切都当成理所当然。

努力变成别人喜欢的样子，是一种自我否定的行为。我们不再关注自己的内心声音和真实感受，而是只顾迎合他人的期待和标准。我们可能会放弃自己的兴趣和梦想，去追求别人认为重要的事物。我们可能会改变自己的外貌和行为，以符合别人的审美和价值观。然而，这种迎合只会让我们迷失自己，忘记了真实的自己。

每个人都是独一无二的，都有自己独特的价值和才能。我们应该珍惜自己的个性和特点，不要为了取悦他人而放弃自己的真实。我们应该坚持自己的梦想和追求，不要被他人的意见和期待左右。

我们应该相信自己的能力和潜力，不要因为他人的质疑而怀疑自己。只有坚持真实的自己，才能找到属于自己的幸福和成功。

不要因为努力地变成别人喜欢的样子，到头来却连自己都忘了真实的自己。我们应该保持自己的独特和真实，不要为了取悦他人而改变自己。我们应该坚持自己的梦想和追求，不要被他人的意见和期待左右。我们应该相信自己的能力和潜力，不要因为他人的质疑而怀疑自己。只有坚持真实的自己，才能找到属于自己的幸福和成功。让我们勇敢地追求自己的真实，成为最真实的自己！

翻篇了，就是告别过去

我们都是普通人，一个人活着，三餐四季，周而复始，年龄见证了走过的每一个脚印，成长经历了悲欢离合。总有些人和事让我们频频回头，把自己困在过去那些忘不掉地事和放不下的人身上。

让自己陷入过去的回忆，无限循环的想象自己回到以前，就可以弥补所有的遗憾。越是这样，你就越无法从过去的记忆中走出来，或贪恋以前的美好时光，或悔恨自己当初的无知。

我们每一个人都有或为情或为事所困，走不出来的时刻，但生活，终究需要翻篇，学会拔掉那根扎心的刺，放下过去种种，不再为旧人、旧事，湿了眼眸。与往事握手言和，与旧人相逢一笑。

人生路上，谁人一生没有荆棘遍布，谁人会一帆风顺，畅通无阻地走到终点。所以，遭遇苦难，实属常态，也只有及时将苦难翻篇，才为真本事。毕竟，再大的暴风雨，终会停止；再大的苦难，终会成为过去；再长的黑夜，终会迎来光明。

与其对一些已经过去的事情耿耿于怀，不如清一清灰尘，让该过去的过去，别让已经过去了的事还玷污你干净的心。因为，很多时候，我们之所以浑身是伤，不是因为经历太惨痛，而是我们对过往的烂事念念不忘。

相信很多人的心里都留有一些遗憾。像一个爱而不得的人，若这段感情已经无法挽回，就请不要费尽心思纠缠不休。因为，当你不能让自己挣脱出来，只会把自己弄得疲惫不堪，伤痕累累。要知道，我们没必要为了不值得的人和事去消耗自己。

学会翻篇，它让我们学会告别过去，迎接未来。人生之路并非坦途，每个人都会遇到各种困难和挫折。有些人能够勇敢地面对挫折、应对挑战，而有些人却会陷入过去的阴影中，无法自拔。

然而，人生就像一本书，每一页都是一个新的篇章。我们不能一直停留在过去的页面，而是要学会翻篇。翻篇是一种积极

向上的心态，它意味着释放自己，不再被过去的阴影所困扰。翻篇是一种选择，一种勇气，一种智慧。人生中有很多事情是我们无法控制的，但是我们可以控制自己的态度和反应。如果我们一直纠结于过去的错误或伤痛，那么我们就会错过很多美好的现在和未来。因此，我们要学会翻篇，释放自己，让自己重新开始。

翻篇并不是遗忘过去，而是要从过去的经历中吸取教训，总结经验，然后更好地面对现在和未来。翻篇是一种成长的过程，它让我们变得更加坚强和成熟。人生这本书，每一页都代表着过去和未来。如果我们将所有的时间和精力都放在过去的那一页上，那么我们就无法看到未来的那一页。因此，我们要学会翻篇，向前看，拥抱现在和未来。

翻篇也是一种成熟的表现。成熟的人不会纠结于过去的得失，而是会放眼未来。他们知道，只有放下过去的包袱，才能迎接更美好的未来；只有不再为过去的失败和痛苦纠结，我们才能更好地把握现在，创造更美好的未来。

翻篇也是一种勇气。告别过去并不是一件容易的事情，但是只有鼓起勇气，才能走向更美好的未来；只有敢于面对过去的阴影，我们才能迎接阳光；只有敢于走出舒适区，我们才能成长和进步。生活处处都是新的生机，我们一定要学会翻篇，翻过旧的一页，才会有新的梦想，这是结束亦是开始。